我的粥品屋

犀文图书 编著

天津出版传媒集团

天津科技翻译出版有限公司

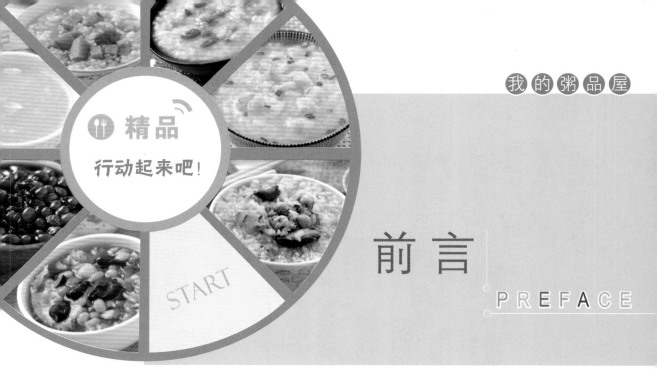

精品
行动起来吧！

START

前 言
PREFACE

　　粥者，两"弓"夹一"米"也。"米"指米粒，"弓"意为"张开""扯大"。粥亦称为糜，就是把粮食煮成稠糊的食物。说到粥，其最早记载见于《周书》："黄帝始烹谷为粥。"可见粥在中国已有一段不短的历史了。《本草纲目》中也说："每晨起，食粥一大碗。空腹胃虚，谷气便作，所补不细，又极柔腻，与肠胃相得，最为饮食之良。"发展至今，粥已经不仅仅用来果腹了，它还有滋补、调养的功能。根据饮食习惯的不同，粥可分为甜咸两种，咸者，以咸鲜为主，多为米粥辅以肉类、蔬菜、海鲜等材料制作而成；甜者，多为五谷杂粮，如腊八粥、薏米粥、绿豆粥等辅以糖制作而成。有人喜欢吃咸的，亦有人喜欢吃甜的，这个可根据个人口味来选择不一样的粥品。

　　本书精选了100多款粥，并且对每一款粥都做了详细的介绍，包括粥的典故（或营养价值）、制作使用的材料和步骤，图文并茂，让您不再羡慕别人，自己也可以做出这样精致、美味的食物。喜欢喝粥的朋友，有了本书后，就可以在家人和朋友面前大显身手啦！自己动手，一来可以感受煮粥的乐趣，二来还能从中学到更多的"粥文化"，真可谓是一举两得的好事。

　　心动不如行动，赶紧把本书带回家吧，为您和您所爱的家人、朋友，做一款营养、美味的粥吧！

CONTENTS
目录

PART 1
粥品屋里的那些主角们

PART 2　美食达人的最爱
——九大经典粥品

PART 3　乐享美味
——花样营养粥品

PART 4 乐享健康
——我的五谷杂粮粥

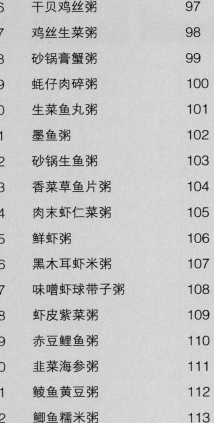

粥 PART 1
屋里的那些主角们

SC 粥品屋里常用的基础食材

粥也称糜，是一种用大米、小米或玉米等粮食煮成的稠糊的食物。煮粥的材料很多，其中常用的基础材料有粳米、糯米、黑米、薏米、燕麦、玉米等。

粳 米

粳米是由粳稻的籽实脱壳而成的，味甘，性平，有补中益气、健脾养胃、益精强志、和五脏、通血脉、聪耳明目、止烦、止渴、止泻的功效，是我国人民的主食之一。

粳米除了含有比较全面的人体必需氨基酸外，还含有脂肪、钙、磷、铁及B族维生素等多种营养成分。

薏 米

薏米为禾本科植物薏苡的成熟种仁，又叫薏仁米、苡米等，性凉、微寒，味甘、淡，是我国古老的食药皆佳的粮种之一。

薏米富含蛋白质、油脂、维生素、矿物质和糖类，可以作为减肥主食，能降低血脂和血糖，促进体内血液和水分的新陈代谢；富含的维生素E有助于消除斑点，达到滋润皮肤的功效；含有防癌的有效成分硒元素，能有效抑制癌细胞的增殖。

糯 米

糯米，又叫江米，味甘，性温，因其口感香糯黏滑，常被用以制成风味小吃，如年糕、元宵、粽子等。糯米米质呈蜡白色，不透明或半透明状，吸水性和膨胀性小，煮熟后黏性大，口感滑腻，较难消化。

糯米富含B族维生素，能温暖脾胃、补中益气。糯米的主要功能是温补脾胃，给脾弱气虚、经常腹泻的人食用，能起到很好的治疗效果；还能够缓解气虚所导致的盗汗、妊娠后腰腹坠胀、劳动损伤后气短乏力等症状；并有收涩作用，对尿频、自汗有较好的食疗效果。

黑 米

黑米是一种药食兼用的米，味甘，性温，是由禾本科植物稻经长期培育形成的一类特色品种。黑米外表墨黑，营养丰富，有"黑珍珠"和"世界米中之王"的美誉。

黑米有开胃益中、健脾活血、明目的功效，可抗衰老，补充人体需要的蛋白质，富含锰、锌等多种矿物质；具有清除自由基、改善缺铁性贫血、抗应激反应及调节免疫等多种生理功能；还有改善心肌营养，降低心肌耗氧量等功效。

小米

小米也称粟米，为禾本科植物粟的种仁，按黏性大小可分糯粟和粳粟。小米味甘、咸，性凉，米粒小，色淡黄或深黄，质地较硬，制成品有甜香味。小米熬粥营养丰富，有"代参汤"之美称。

小米与大米相比，所含维生素B_1高1.5倍，维生素B_2高4倍，膳食纤维高2~7倍。并含有一般粮食中没有的胡萝卜素，有防治消化不良、反胃、呕吐的作用及滋阴养血的功效，还可以使产妇虚寒的体质得到调养，帮助她们恢复体力。我国北方就有妇女在生育后用小米加红糖来调养身体的传统。

高粱

高粱，俗称蜀黍、芦稷、荻草、荻子等，性温，味甘、涩，是古老的谷类作物之一。高粱种类甚多，按高粱穗的外观光泽，可以分为白高粱、红高粱、黄高粱等；按品种和性质可分黏高粱和粳高粱等。

高粱中含有单宁，有收敛固涩的作用，常食高粱粥对治疗慢性腹泻有明显疗效；还能温中、利气、止泄、涩肠胃、止霍乱；高粱的蛋白质中赖氨酸含量较低，烟酸含量也不如玉米多，但却能被人体所吸收。因此，以高粱为主食的地区很少发生"癞皮病"。

燕麦

燕麦俗称油麦、玉麦，性平，味甘，是一种低糖、高营养的高热量食品。燕麦所含的各种营养素不但含量高，而且质量优，经过精细加工制成麦片，食用更方便，口感也得到改善，成为深受欢迎的保健食品。

燕麦片纤维含量高，吸水膨胀后在胃里滞留时间较长，能使人有饱腹感，可少进食，且耐饥、通便。因此，有减肥效果。常食燕麦还能抗衰老、祛斑和补钙，可以有效地降低人体中的胆固醇，对中老年人的心脑血管病能起到一定的预防作用。

绿豆

绿豆又叫青小豆，味甘，性凉，具有减肥和消暑等用途，是我国人民的传统豆类食物，还有"济世之良谷"之说。

绿豆的蛋白质含量几乎是粳米的3倍，多种维生素、钙、磷、铁等矿物质的含量都比粳米多，所含的蛋白质、磷脂有兴奋神经、增进食欲的功能，为机体许多重要脏器增加营养所必需。夏天喝绿豆汤还能消暑益气、止渴利尿、解毒和降脂等。

赤豆

赤豆属豆科，味甘、酸，性平，是人们生活中不可缺少的高营养、多功能的杂粮，被人们称为"饭豆"，李时珍称之为"心之谷"。

赤豆富含淀粉、蛋白质和B族维生素等营养成分，可作为粮食和副食品，并可供药用，是进补之品。赤豆有较多的膳食纤维，具有良好的润肠通便、降血压、降血脂、调节血糖、预防结石、健美减肥的作用；含有较多的皂角甙，可刺激肠道，有良好的利尿作用，能解酒、解毒，对心脏病和肾病患者有益。

黑豆

黑豆又称乌豆，性平，味甘，是豆科植物黑大豆的黑色种子，具有高蛋白、低热量的特性。其蛋白质、维生素、铁质等含量极为丰富，可养阴补气、滋补明目、祛风防热、活血解毒等，可内服，也可外用。

现代人工作压力大，易出现体虚乏力的状况。黑豆就是一种有效的补肾食品。根据中医理论，豆乃肾之谷，黑色属水，食走肾，所以肾虚的人食用黑豆是有益处的。黑豆对年轻女性来说，还有美容养颜的功效。

玉米

玉米又称玉蜀黍、苞米、棒子等，性平，味甘，是我国北方的主要粮食作物。玉米又叫做颖果，不仅可以食用，还可以制造酒精、糖等。

玉米的籽粒含糖类70%以上，还含有一定的蛋白质、脂肪、钙和铁等元素，营养成分优于大米。玉米中的植物纤维素能加速致癌物质和其他毒物的排出；含有的黄体素、玉米黄质可以对抗眼睛老化，刺激大脑细胞，增强人的脑力和记忆力。

小麦

小麦是三大谷物之一，性凉，味甘，经过加工磨成面粉后可制作面包、馒头、饼干、面条等食物。

小麦富含淀粉、蛋白质、脂肪、矿物质、钙、铁、维生素A、B族维生素及维生素C等营养成分，具有养心神、敛虚汗、生津止汗、养心益肾、镇静益气、除热止渴的功效，对于体虚多汗、舌燥口干、心烦失眠等病症患者有一定的辅助疗效。

红薯

又名番薯、山芋、地瓜等，味甘，性平、微凉，除供食用外，还可以制糖和酿酒、制酒精。

红薯含有大量的糖、蛋白质、脂肪和各种维生素及矿物质，能有效地为人体所吸收，既能防治营养不良症，又能补中益气。红薯经过蒸煮后，部分淀粉发生变化，与生食相比增加了40%左右的膳食纤维，能有效刺激肠道的蠕动，促进排便。除此之外，红薯还有抗衰老、防止动脉硬化等功效。

GJ 粥品屋里常用的工具和方法

煮粥的工具很多，高压锅、电饭锅、砂锅、炖锅，甚至微波炉都可以承担煮粥的任务，其中最常用的是高压锅、电饭锅和砂锅。

1 高压锅是煮粥的理想工具之一。高压烹调和常压烹调相比，主要有三大差别：一是温度高，因为压力提高，沸点随之提高，一般在 108℃~ 120℃之间；二是烹调时间短，因为压力高，烹调时间只是常压烹调的 1/3，其中除了升温及降温时间之外，真正处于高压的时间并不长；三是密闭，有一定的真空度。这三大特色，使得高压烹调在保存营养素方面存在着一定的优势。比如说，高压煮黑豆 15 分钟之后，氧自由基吸收损失率只有 9%；高压煮豌豆 15 分钟后，氧自由基吸收不仅没有降低，反而有所提升，达到原来的 224%。

2 电饭锅煮粥，火候容易控制，也不易粘锅，但是米与水的比例要调整为 1：6，才能轻松快速地煮出一锅美味的好粥。

3 砂锅有天然的保温功能，而且砂锅的多孔材质能少量吸附和释放食物味道，是最佳的煮粥工具。由于砂锅最忌冷热骤变，所以，煮粥时要记住，先开小火热锅，等砂锅全热后，再转中火逐渐加温。若烹煮中要加水，也只能加温水，而且砂锅上火前要充分擦干锅外的水分，以免爆裂。另外，为了避免米粒粘锅，别忘了不时搅拌。

煮粥的方法，通常是用传统的煮和焖

所谓煮，就是指先用大火将米和水煮沸，再改小火将粥慢慢熬得浓稠。这期间很有讲究：粥不离火，火不离粥，而且有些要求高的粥，必须用小火一直煨到烂熟，米粒呈半泥状。这种煮粥的方法比较适用于家庭。

焖是指煮粥时用大火加热至沸腾后，倒入有盖的砂锅或其他容器内，盖紧盖，上蒸锅，继续用高温蒸汽焖约 2 小时。用这种方法焖出来的粥，更加香味纯正、浓稠香绵。焖的方法，是专业料理店采用的方法，家庭里也可以使用，只是过程比煮的方法稍显复杂。

此外，还有各种花色粥的制作，可以在煮好的滚粥中冲入各种配料、佐料，调拌均匀即成，如生鱼片粥。也可以将配料先料理好，再加入高汤和其他材料一起熬煮成粥。还有用米饭煮粥，既快速又方便，熬煮时的水量约为 1 碗饭加 4 碗水，但与生米直接煮粥不同的是，用米饭煮粥时，不要搅拌过度，以免整锅粥太过稠烂。

YS 粥品屋里需知的七要素

清代《随园食单》对粥的定义是："见水不见米，非粥也；见米不见水，非粥也。必使水米融洽，柔腻如一，而后谓之粥。"由此可见，煮粥绝不仅仅是简单的"米加水"。可是，怎样才能煲出"水米融洽，柔腻如一"的好粥呢？下面以米粥为例，为大家介绍煮粥的七个要点。

挑选新鲜大米

白居易曾在《自咏老身示诸家属》中写道："粥美尝新米，袍温换故绵"意即若想粥食美味，要用新鲜大米烹调；若想袍子温暖，要用旧绵料缝制。大诗人这种看法确为真知灼见。因为，大米一旦储存时间过长，不但颜色变黄，而且米粒内部酶的活性也会降低，结构逐渐松弛。最终流失大部分营养素，甚至霉变，产生有毒物质。所以，煲粥一定要选新鲜大米。

煮粥前先浸米

一般情况下，大米洗净后不要立刻加水煮粥，而应该将大米放入冷水中浸泡30分钟，让米粒充分膨胀，这样可减少煮粥时间，令米粥更加绵化。如果浸泡时加点食用油和盐，效果更好，而且煮出的粥更加清香可口，并可防止煮粥时烟锅。应该指出的是，浸泡会令大米养分流失，所以煮粥时，可以连浸米的水一同倒入。与大米相比，绿豆、赤豆、糯米、薏米、玉米等材料更不易煮熟，浸泡的时间还要延长6～8小时。这样才会煮烂，易于消化吸收。

沸水下米，掌握火候

如用冷水加米煮粥，一不留神就会烟底。所以，可先在下米前煮沸锅里的水，这样便不容易烟底了。大火将粥煮沸后，要赶快转为小火，注意不要让粥汁溢出来，再慢慢盖上锅盖，要诀是盖子不要全部盖严，用小火慢煮即成。

"煮""焖"结合

"煮"和"焖"是粥的两种主要烹调方法。先用大火煮沸米水，再转小火或中火慢熬成粥，就是"煮"；大火煮沸米水后，倒入木桶密封焖2小时，便为"焖"。一般来说，"煮"法较为常用。

时时搅拌

俗话说："煮粥没有巧，三十六下搅。"这充分说明了搅拌对煮粥的重要性。搅拌一来可以防止烟底，二来能让米粥更黏稠。搅拌的技巧是：大米下锅搅几下，大火转小火20分钟后，要不停搅拌。

避免中途添水

煮粥时，中途添水会让粥的香味和黏稠度大打折扣。因此，应该一次性把水放足。

按照顺序加入材料

煮粥时，要注意材料的加入顺序，慢熟的材料先放，易熟的材料后放。如此，煮至所有材料熟透，粥汁的纯度才不会受到影响。如米和药材要先熬；蔬菜、水果最后下锅；海鲜类宜先汆烫；肉类则浆拌淀粉后，再入粥煮，就可让粥品看起来清爽，不混浊。如果喜欢吃生一点，也可把鱼肉、牛肉或猪肝等材料切成薄片垫入碗底，用煮沸的粥汁冲入碗中，将材料烫至六七分熟，吃起来特别滑嫩、鲜美（不过，为了健康，不建议这样吃）。另外，像香菜、葱花、姜末这类调味用的香料，只要在起锅前撒上即可。

PART 2

美食达人的最爱

九大 经 典 粥品

𝒫皮蛋瘦肉粥

准备材料

大米 150 克，皮蛋 2 个，猪瘦肉 200 克，油条 1 根，葱、姜、香菜、食用油、香油、胡椒粉、盐、味精各适量。

经典分享

皮蛋瘦肉粥是一款很经典的粤式粥品，以切成小块的皮蛋及猪瘦肉为配料，味道好，易消化。很多粥店及中式酒楼都有这种粥。不过，不同餐厅其煮法略有不同，有的猪肉是切成片的，也有的是切成丝的，用不同形状的猪肉，会带来不同的视觉感受，但味道还是基本相同的。

制作过程

1 皮蛋剥壳，每个切成等量的8瓣；大米洗净，拌入少量食用油；姜洗净切丝，葱洗净切成葱花，香菜切末。

2 猪瘦肉洗净沥干水，切片，加盐腌3小时至入味。

3 将油条切小段，放入热油锅中，以小火炸约30秒至酥脆后，捞起沥油。

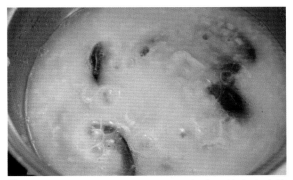

4 将大米放入砂锅，加适量清水煮沸，转中火煮约30分钟，放入皮蛋、瘦肉片、姜丝、胡椒粉、盐、味精，再继续煮几分钟。

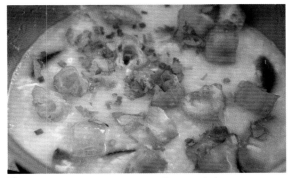

5 熄火，加入油条、香菜、葱花、香油。

6 盛出即可。

状元及第粥

准备材料

大米 100 克，猪肉、猪肝、粉肠、猪腰、猪肚各 50 克，油条 1 根，姜片、葱丝、葱花、香菜、盐各适量。

　　状元及第粥是一道传统的粤式风味粥。相传，明代广东才子伦文叙自幼家贫，以卖菜为生，因而常顾不了午饭。一家粥店的老板怜其幼，惜其才，于是每天中午以买菜为名，着伦文叙送一担菜至其粥店。送完菜后，老板便以猪肉丸、猪粉肠、猪肝生滚的白粥招待伦文叙，权作午餐。后来伦文叙状元高中，心念粥店老板赠粥之恩，重回故地，请老板再煮一碗他以前常吃的那种粥，并为此粥题名"及第"。"状元及第粥"之名，便由此流传开来。

制作过程

1 猪肉、猪肝、粉肠、猪腰、猪肚分别洗净，猪肉、猪肝、猪腰均切丁；油条切段，大米淘洗干净。

2 锅内加入适量清水煮沸，放入猪肚、粉肠、姜片、葱丝煮约1小时至软后，捞起沥干，粉肠切段，猪肚切细条状。

3 锅内加适量清水、大米，大火煮沸，改用小火慢煮，放入盐及其余材料（油条除外）煮沸。

4 食用前，加入油条段、香菜、葱花即可。

5 成品。

艇仔粥

准备材料

大米 100 克，鱿鱼（鲜）100 克，猪肚 100 克，干贝 25 克，猪肉皮 50 克，米粉 50 克，花生仁（生）50 克，油条 1 根，盐、味精、葱、姜、酱油、食用油各适量。

艇仔粥以新鲜的鱼片、炸花生等多种配料加在粥中而成。旧时广州，河面多有小艇泛游，其中部分艇家专集河虾、鱼片等水上食材为粥，向邻艇或岸上游客供应，"艇仔粥"一名由此而生。此品集多种原料之长，多而不杂，爽脆软滑，芳香扑鼻，十分鲜甜，适合众人口味。现在珠江河面的船家已迁至岸上，艇仔粥也自小艇而进入大酒家、宾馆。

制作过程

1. 大米洗净，用食用油、盐浸泡30分钟；干贝去除老筋，用温水浸开，撕碎；鱿鱼洗净，切成细丝，放入沸水中氽过。

2. 猪肉皮用冷水浸发，冲洗干净，切成丝条，放入沸水锅内煮烂；猪肚擦洗干净；油条切段；花生仁去衣，放入沸盐水中氽过，捞出晾干，放入油锅，炸至呈金黄色时捞出，沥油；米粉入油锅炸香。

3. 砂锅内加适量清水煮沸，加大米、干贝、猪肚、鱿鱼、姜丝，用小火煮至粥成。

4. 加入猪肉皮、米粉、花生仁、油条段，撒葱花拌匀，加盐、味精、酱油调味。

5. 再煮片刻即可。

脊肉粥

准备材料

猪里脊肉 100 克，粳米 100 克，盐、食用油、葱花各适量。

　　猪里脊肉是指猪脊背上的精肉，含有丰富的维生素，其性平，味甘、咸，古人早已用其作为药用。
脊肉粥是用猪里脊肉、粳米等制作成的一种补中益气、滋养脏腑、滑润肌肉的经典美味粥。

✂ 制作过程

1. 猪里脊肉洗净，切成小粒；粳米泡洗干净。

2. 锅内放食用油烧热，放猪里脊肉粒炒香，取出。

3. 砂锅内放猪里脊肉粒、粳米，加适量清水，大火煮沸，转小火煮至汤稠、米烂、肉熟。

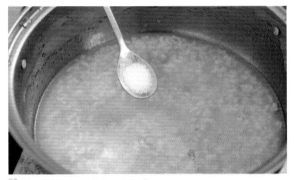

4. 加盐调味，煮2~5分钟。

5. 撒葱花便可食用。

咸骨粥

准备材料

大米 60 克，糯米 50 克，猪脊骨 200 克，干贝、食用油、盐、姜丝、料酒、香油各适量。

经典分享

咸骨粥是一道广东名粥，味道鲜美，且物美价廉，一直深受消费者喜爱。咸骨粥以腌制的猪脊骨加大米熬煮而成，经过腌制的猪脊骨其味甘香鲜，猪骨里的钙质充分地融入粥里面，营养非常丰富，比较适合气虚、阳虚、血瘀及平和体质的人喝。

制作过程

1 猪脊骨洗净，斩件，加入较多的盐，加入姜丝、料酒拌匀放置冰箱腌制一晚，入沸水锅中汆水；干贝洗净，泡发。

2 大米和糯米泡洗干净，沥水，加食用油拌匀放置1小时。

3 锅内加入适量清水、大米、糯米，待水煮沸，加猪脊骨、姜丝、干贝，熬煮20分钟至熟，放进焖烧锅里焖一晚。

4 隔天早上再继续加点香油熬煮，即成咸骨粥。

5 盛出即可食用。

H 滑鸡粥

经典分享

滑鸡粥是一道在广东地区比较常见的靓粥，其做法简单，就是以鸡翅为主要材料外加其他配料制作而成。其粥黏稠绵密，鸡肉嫩滑，咸淡适中。喝滑鸡粥，可以调养脾胃，补充身体需要的养分。

准备材料

大米200克，鸡翅3只，白胡椒粉、料酒、葱花、姜丝、盐、糖、淀粉、味精、香油各适量。

制作过程

① 大米洗净，浸泡30分钟；鸡翅去皮，分离骨肉，并用盐、糖、料酒、姜丝、白胡椒粉、味精、淀粉、香油、少量清水腌好。

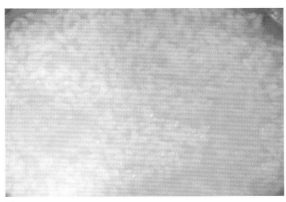

② 锅内放适量清水，煮沸，放入大米以大火煮沸。

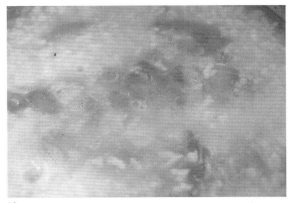

③ 放入鸡骨转小火煮1小时，放入鸡肉，搅拌一下，待粥重新沸腾后，熄火。

④ 食前，撒入适量盐和葱花即可。

L 莲子桂圆粥

准备材料

糯米 100 克，桂圆肉 30 克，莲子 30 克，红枣 10 克，红糖适量。

经典分享

　　莲子桂圆粥是一道传统的汉族名粥，营养丰富。桂圆味甘，性温；莲子性平，味甘；红枣性平，味甘；糯米性温，味甘，四者一起煮粥，可补血安神、健脑益智、补养心脾，是健脾益智的传统美食。

制作过程

1. 糯米洗净，浸泡30分钟。

2. 莲子去芯，洗净，浸泡3小时。

3. 锅内放适量清水，放入糯米、莲子、桂圆肉、红枣，用大火煮沸，转小火煮至粥成。

4. 加红糖，再煮片刻即可。

5. 盛出即可食用。

L 腊八粥

准备材料

糯米150克，绿豆25克，赤豆25克，腰果25克，花生25克，桂圆25克，红枣25克，冰糖75克，陈皮2克。

经典分享

农历十二月初八，即腊八节，一些地区有喝腊八粥的习俗。腊八粥也叫"七宝五味粥"，是一种由多种食材熬制的粥。清人富察敦崇在《燕京岁时记·腊八粥》中说："腊八粥者，用黄米、白米、江米、小米、菱角米、栗子、红豇豆、去皮枣泥等，合水煮熟，外用染红桃仁、杏仁、瓜子、花生、榛穰、松子及白糖、红糖、琐琐葡萄，以作点染。……每至腊七日，则剥果涤器，终夜经营，至天明时则粥熟矣。"

✂ 制作过程

1 先将糯米、绿豆、赤豆、腰果、花生、桂圆、红枣用水泡软，洗净。

2 砂锅内放适量清水，加入糯米、绿豆、赤豆、腰果、花生、桂圆、红枣，大火煮沸后，转中火煮30分钟至粥成。

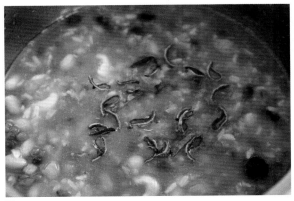

3 放入陈皮。

4 放入冰糖调味即可。

俗话说："要使皮肤好，粥里加红枣。"红枣同大米煮粥，具有良好的补益作用，不仅能滋润肌肤、益颜美容，还能养血安神、补血和胃，适合久病体虚、脾胃功能不良者食用。

ℋ 红枣粥

准备材料

大米100克，红枣50克，红糖适量。

✂ 制作过程

1 大米浸泡30分钟，捞出洗净；红枣去核，洗净。

2 砂锅内放适量清水，放入大米，大火煮沸。

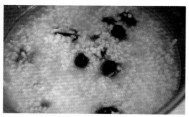

3 放入红枣，转中火煮至粥成。

4 加红糖调味。

5 盛出即可食用。

乐享美味 PART ③

花样 营养 粥品

R 肉丸粥

准备材料

大米 150 克，猪瘦肉 150 克，葱花、姜末、盐、味精、料酒、水淀粉、鸡蛋清各适量。

花样魅力

以肉丸煮粥，粥香扑鼻，肉丸甘香、弹牙，口感好，相信谁也抗拒不了。先将米用冷水浸泡半个小时，再煮粥，这样可以让米粒膨胀开，熬起粥来节省时间，并且熬出的粥绵软，口感也好。

制作过程

1. 大米洗净，冷水浸泡 30 分钟。

2. 瘦肉洗净剁泥，加入葱花、姜末、盐、味精、料酒、水淀粉、鸡蛋清搅拌上劲，挤成若干丸子。

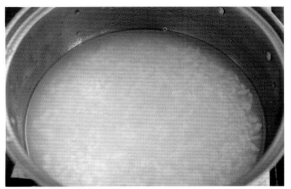
3. 砂锅内加适量清水，大火煮沸，放入大米，转中小火熬至粥成。

4. 放肉丸，煮沸 2 ~ 3 次。

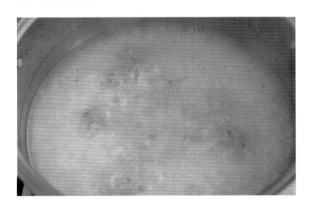
5. 煮至肉熟时熄火，加盐拌匀即可。

香菇肉粥

准备材料

白粥 1 碗，猪肉 100 克，干香菇 10 克，芹菜 30 克，火腿 20 克，食用油、大骨高汤、盐、白胡椒粉、香菜各适量。

花样魅力

香菇肉粥是一道味道鲜美、营养可口、色泽鲜艳的家常靓粥。香菇与猪肉的搭配，能和胃补脾、补血护肝、润燥养肺，还可以提高免疫力。此粥清淡、可口，非常适合妊娠早期胃口不佳者食用。

制作过程

1 将香菇浸泡，变软后切丝；芹菜择洗干净，切末；猪肉洗净，切丝；火腿切丝。

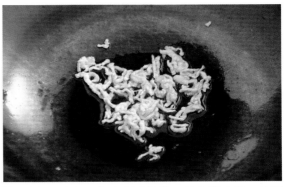

2 炒锅置火上，加食用油烧热，放入猪肉丝，炒至出香味，盛出。

3 锅内加入大骨高汤、猪肉丝、香菇丝和火腿丝一起煮约10分钟。

4 放入白粥，加盐、白胡椒粉，以中火煮沸，转小火熬至粥稠，熄火。

5 再撒入芹菜末、香菜即可。

𝒴玉米瘦肉粥

准备材料

大米60克，玉米粒80克，猪瘦肉100克，鸡蛋1个，料酒、淀粉、盐、味精各适量。

花样魅力

香甜的玉米和猪瘦肉、大米等一同煮粥，醇厚香浓，美味健康，能滋润皮肤、除烦去湿、调中开胃，还能刺激胃肠蠕动，加速体内废物代谢，帮助体内排毒，以增加皮肤自然、健康的光泽。

制作过程

1. 玉米粒、大米洗净，浸泡1小时；猪瘦肉洗净，切片，加淀粉、料酒和味精腌15分钟；鸡蛋打入碗中搅匀。

2. 锅内加适量清水，大火煮沸，放入玉米粒、大米，煮沸，转小火慢煮40分钟。

3. 加入腌好的肉片，煮20分钟。

4. 淋蛋液，加盐调味。

5. 再煮片刻。

6. 拌匀即可。

椒酱肉粒粥

准备材料

稀粥1碗，猪肉粒50克，萝卜干50克，食用油10毫升，料酒、酱油各5毫升，糖5克，盐2克，味精、胡椒粉各1克，豆豉、青椒、红辣椒、葱花各适量。

花样魅力

此粥咸香可口。青椒中含有辣椒素，能加快脂肪的新陈代谢，有降脂的作用，其特殊的香辣味还有增进食欲、帮助消化的功效，还可增强人的体力，缓解因工作和生活压力造成的疲劳，上班族宜多食。

制作过程

1 萝卜干洗净浸泡回软，切丁；青椒、红辣椒洗净，去籽切小丁。

2 炒锅置火上，烧热，加适量食用油，下入猪肉粒、萝卜干，炒至变色，加入料酒、酱油、糖。

3 再下入豆豉继续炒出香味。

4 最后下入青椒、红辣椒，翻拌均匀即出锅。

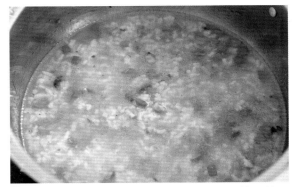

5 锅内倒入稀粥，煮沸，放入炒好的椒酱肉粒及盐、味精、胡椒粉，搅动拌均匀，熬煮5分钟。

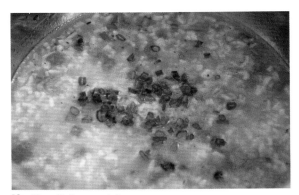

6 撒上葱花即可出锅。

Y 芋头排骨粥

芋头香糯，排骨鲜香，两者与大米同煮为粥，口感绵密松软，香鲜味美。此外，芋头性平，味甘、辛，具有美容养颜、乌黑头发等作用；排骨中含有丰富的卵磷脂、骨黏蛋白和骨胶原等。芋头与排骨煮粥食用，既能提高免疫力，又能起到良好的滋补作用。

准备材料

芋头150克，排骨100克，白粥1碗，虾米30克，大骨高汤、盐、白胡椒粉、食用油、香菜各适量。

制作过程

1 芋头去皮洗净，切丁；排骨剁成小块。

2 锅置火上，加食用油，用大火将芋头、排骨炸熟，取出沥油；虾米另入炒锅，炒至出香味。

3 锅内倒入大骨高汤、虾米、芋头及排骨，中火煮沸。

4 倒白粥煮沸，加盐、白胡椒粉搅拌均匀，撒香菜即可。

H 黄花菜瘦肉粥

大米 100 克，黄花菜（干）、猪瘦肉各
50 克，盐、葱、姜各适量。

花样魅力

　　黄花菜又叫金针菜，原名萱草，古称忘忧草。萱草在中国已有几千年的栽培历史了，其最早记载见于《诗经·卫风·伯兮》："焉得谖（xuān，忘记）草，言树之背。愿言思伯，使我心痗（mèi，忧思成病）。"意思是讲古代一女子因丈夫远征，遂在屋子北面栽种萱草，借以解愁忘忧。从此世人称萱草为"忘忧草"。需注意的是萱草不完全等于黄花菜，黄花菜只是萱草属植物的一种，萱草花不是黄花菜，不能食用。新鲜黄花菜含有少量秋水仙碱，应该先制成干品，再经过高温烹煮或炒制，才能食用。

制作过程

① 大米洗净，浸泡30分钟；黄花菜洗净泡开。

② 猪瘦肉洗净，切片；葱洗净，切葱花；姜去皮，切丝。

③ 锅中放适量清水，大火煮沸，加入大米、黄花菜，转小火煮至粥成。

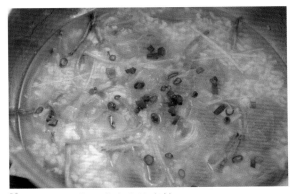

④ 加入姜、葱和猪瘦肉片煮熟。

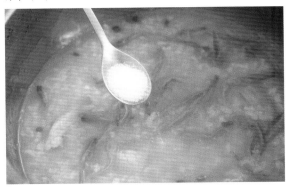

⑤ 加盐调味即可。

Z 猪肝绿豆粥

花样魅力

猪肝绿豆粥是一道传统的粤式粥，味道独特，色香味俱全。绿豆在我国已有两千多年的栽培史了，因其营养丰富，用途较多，李时珍称其为"菜中佳品"。《本草纲目》中记载：用绿豆煮食，可消暑解渴、清热解毒、消肿下气、调和五脏；绿豆粉可解诸毒、治疮肿、疗烫伤；绿豆皮可解热毒、退目翳；绿豆芽可解酒毒、热毒等。绿豆和猪肝煮粥，可补肝养血、清热明目、美容润肤。

准备材料

大米100克，新鲜猪肝100克，绿豆60克，盐、味精各适量。

制作过程

1 猪肝洗净，切片待用；大米、绿豆分别洗净，各自浸泡30分钟待用。

2 锅内加适量清水煮沸，加入大米、绿豆煮沸，再转小火慢熬至八成熟。

3 加入猪肝煮熟。

4 放盐、味精调味，即可熄火食用。

滋补猪血粥

猪血中的蛋白质经胃酸分解后，可产生一种解毒及润肠的物质，这种物质能与进入人体内的粉尘和有害金属微粒产生生化反应，然后通过排泄带出体外，堪称人体污物的"清道夫"。

准备材料

大米100克，薏米50克，猪血300克，葱花、姜丝、盐、味精各适量。

制作过程

1. 猪血洗净，切丁；大米洗净，浸泡30分钟；薏米洗净，泡片刻。

2. 砂锅内加适量清水，煮沸，加大米、姜丝、猪血，大火再煮沸，然后改小火煮20分钟。

3. 加薏米煮至米粒熟烂。

4. 加盐、味精和葱花调味即可。

H 滑蛋牛肉粥

准备材料

牛里脊肉150克，大米100克，小苏打2克，鸡蛋1个，食用油、料酒、盐、淀粉、姜丝、葱花、香菜、油条、香油、胡椒粉各适量。

花样魅力

滑蛋牛肉粥是一道美味可口的粤式粥品。牛肉的鲜美加上鸡蛋的润滑，吃下去有一种淡而悠长的味道，还能调节胃口、增进食欲，补充身体所需的营养，且易于操作，怎能不叫人喜欢呢。

制作过程

1 牛肉洗净切片，加料酒、小苏打、淀粉腌30分钟；大米泡洗干净，加食用油、盐腌30分钟；油条撕块；香菜洗净，切末。

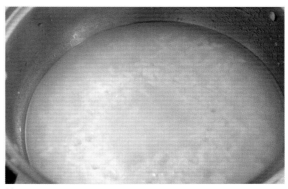

2 锅内加适量清水，煮沸，加入大米再煮沸，转小火将大米煮至七成熟。

3 加入牛肉片煮至粥成。

4 打入鸡蛋即可熄火。

5 放盐调味，加入香油、葱花、姜丝、胡椒粉、香菜末、碎油条即可。

B板栗牛腩粥

花样魅力

板栗香甜，牛肉鲜嫩，粥粒绵滑，三者一起熬粥，有强壮筋骨、益气补肾之效。板栗，素有"千果之王"的美誉，是中国培育最早的果树之一，孙思邈的《千金方》中说："板栗，肾之果也，肾病宜食之。"食用板栗，有健脾补肝、强骨壮骨的作用。

准备材料

大米100克，牛腩100克，板栗50克，食用油10毫升，牛肉卤料50克，冰糖、酱油、料酒、盐、味精适量。

制作过程

1. 牛腩洗净，同食用油、冰糖、酱油、料酒、牛肉卤料入砂锅内煮2小时，取出切片。

2. 大米淘净，加食用油、盐腌30分钟；板栗去衣壳，煮熟。

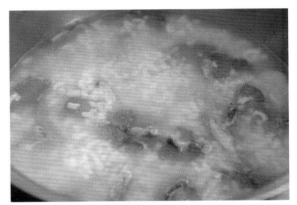

3. 锅内加适量清水，煮沸，加大米、熟板栗、牛腩片煮至粥成。

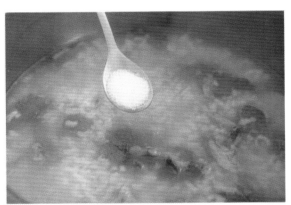

4. 加盐、味精调味即可。

生姜羊肉粥

花样魅力

羊肉性温，味甘，《千金方》中记载本品为：主暖中止痛，利产妇。生姜温散，既可助羊肉散寒暖胃，又可去除羊肉之膻味。两者煮粥，可温补肝血，散寒调经止痛，特别适合冬季进补。

准备材料

鲜羊肉250克，大米100克，姜、食用油、盐各适量。

制作过程

1 将姜去皮，切片；羊肉洗净，切片，入沸水锅中，氽去膻味。

2 大米洗净，加食用油，浸泡1小时。

3 将大米、羊肉、姜片一同放入锅内，加适量清水，大火煮沸，再改小火煮至粥成。

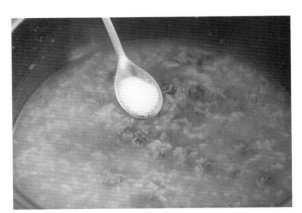

4 放盐调味即可。

R肉桂羊肉粥

肉桂味辛、甘，性大热，《神农本草经》中列为上品："主上气咳逆，结气喉痹吐吸，利关节，补中益气。"肉桂与羊肉煮粥，可以起到温中健胃、暖腰膝、治腹冷、气胀的作用。

准备材料

粳米100克，羊肉150克，蚕豆50克，肉桂10克，草果1个，香料5克，盐、香菜各适量。

制作过程

1. 粳米洗净，浸泡30分钟；羊肉洗净。

2. 将羊肉连同草果、肉桂、蚕豆一起放进锅内，加适量清水，大火煮沸，改小火慢熬成汤，取出羊肉切块。

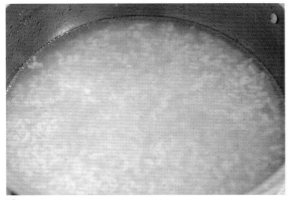

3. 把汤过滤去渣，放入粳米、香料、盐调匀，继续用小火煮至粥成。

4. 放羊肉拌匀，撒香菜即可。

D 党参鸡肉粥

花样魅力

党参味甘，性平，《植物名实图考》云："山西多产，长根至二三尺，蔓生，叶不对，节大如手指，野生者根有白汁，秋开花如沙参，花色青白，土人种之为利，气极浊。"《本草纲目拾遗》亦云："产于山西太行山潞安州等处为胜。"党参与鸡肉煮粥，可补中益气、健脾益肺。

准备材料

大米150克，鸡肉150克，党参15克，淀粉、盐、味精各适量。

制作过程

❶ 党参以冷水浸泡30分钟，捞出沥水，切片；大米泡洗干净；鸡肉洗净，切薄片，加淀粉拌匀，入沸水稍烫，捞起。

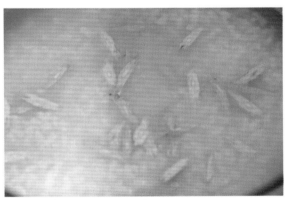

❷ 锅内放适量清水，大火煮沸，下大米、党参，大火煮沸，转小火继续煮50分钟。

❸ 再放鸡肉片煮10分钟。

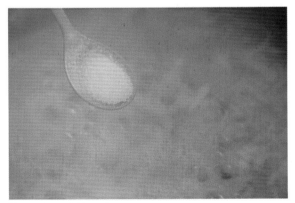

❹ 加盐和味精调味即可。

H 胡萝卜鸡丝粥

花样魅力

此粥色泽艳丽，看起来让人很有食欲。富含维生素的胡萝卜加上富含蛋白质的鸡肉煮成粥，对没有食欲的人来说，是非常好的食物。此粥可温中益气、补虚填精，且易被人体吸收利用。

准备材料

大米150克，鸡肉50克，胡萝卜50克，葱10克，酱油、淀粉、食用油、盐、味精、胡椒粉、香油各适量。

制作过程

1 大米洗净，浸泡30分钟；鸡肉洗净切丝，加入酱油、淀粉、清水腌制；胡萝卜洗净切丝；葱洗净，切末。

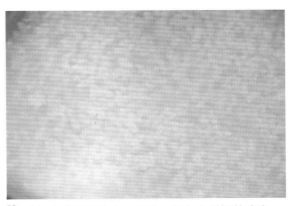

2 砂锅内放适量清水，煮沸，倒入大米慢熬成粥。

3 另置炒锅，倒食用油烧热，加入鸡丝、胡萝卜丝炒熟，再加盐和味精调味，出锅待用。

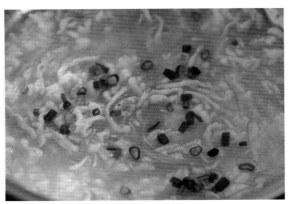

4 食用时，将鸡丝、胡萝卜丝倒入米粥拌匀，淋香油，撒胡椒粉、葱末即可。

乌骨鸡糯米粥

乌骨鸡糯米粥是一道美味好粥，主要原料是乌骨鸡、糯米。糯米含有蛋白质、脂肪、糖类、钙、磷、铁、B族维生素及淀粉等，为温补品；乌骨鸡性平味甘，入肝、肾经，可养阴退热。本粥有补血、调理、强筋健骨之功效。

准备材料

乌骨鸡腿1只，糯米250克，葱白、盐各适量。

✂ 制作过程

1 乌骨鸡腿洗净，切块，入沸水锅中烫后捞起洗净，沥干；糯米淘净，浸泡30分钟；葱白去头须，切粒。

2 锅内放入乌骨鸡腿块，加适量清水，以大火煮沸后，改小火煮15分钟。

3 放入糯米，煮沸后，改小火熬煮。

4 糯米煮熟后，加入盐调味，最后放葱粒焖片刻即可。

丫 鸭羹粥

此粥原汁原味，可滋补养阴、养胃生津、利水消肿，适用于瘦弱无力、唇干舌枯、体虚水肿及阴血不足引起的心烦失眠、记忆力减退者，是虚劳瘦弱者的常用滋补保健粥品。

准备材料

鸭脯肉150克，粳米100克，山药50克，葱段、姜片、料酒、盐、味精、香油各适量。

制作过程

1 将鸭脯肉洗净，放入沸水锅内氽一下捞出，再漂去血水，切成粒，放入碗内，加入少量清水、料酒、葱段、姜片，上锅蒸约1个小时取出。

2 粳米淘洗干净，山药洗净，煮熟剥皮，切成丁块。

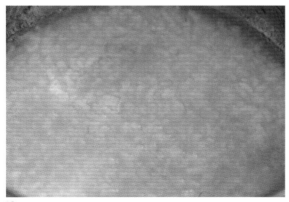

3 砂锅内放适量清水、粳米，大火煮沸。

4 倒入蒸鸭肉的原汤，再改用小火熬煮至粥成，加入鸭肉、山药，用盐、味精调味，淋香油即可。

烧鸭粥是一道色香味俱全的粤式粥品。鸭肉性偏凉，味甘咸，有滋阴降火之效。以烧鸭熬粥，不仅粥味鲜美香滑，还可消热解暑、滋补养生。

烧鸭粥

准备材料

大米 150 克，烧鸭肉 150 克，干贝 20 克，香菜、葱、食用油、生抽各适量。

制作过程

1. 大米洗净，浸泡30分钟；干贝温水泡发后，撕碎；烧鸭去骨，切块；葱洗净，切末。

2. 砂锅内加适量清水，煮沸，加大米、干贝，大火煮沸，转小火煮至粥成，再加烧鸭肉煮沸。

3. 食用时，加香菜、葱末、食用油、生抽调味即可。

花样魅力

冬瓜性寒，含有多种维生素和人体必需的微量元素，能养胃生津、清降胃火；鸭肉可滋五脏之阴，清虚劳之热。冬瓜与鸭肉同煮为粥，口味清香，具有解渴消暑、补虚养身、滋阴利尿等功效。

D 冬瓜鸭粥

准备材料

大米100克，冬瓜200克，鸭肉200克，陈皮1块，葱段、姜片、料酒、盐、味精、香油、食用油各适量。

制作过程

1. 冬瓜留皮去瓤，洗净，切块；鸭肉洗净；大米洗净，浸泡30分钟；陈皮浸软，洗净。

2. 锅内放食用油烧热，下入鸭肉爆香，捞出，加适量清水，放入鸭肉、葱段、姜片、陈皮、料酒，用大火煮沸，改小火焖至鸭肉熟烂，捞出鸭肉撕成碎块。

3. 砂锅内加适量清水，放入大米、冬瓜，煮至粥成，加盐、放味精、香油调味，撒入鸭肉碎块拌匀即可。

花样魅力

菜干即干菜，浙江、广东、山西等地皆有出产。早在《越中便览》中便有记载："霉干菜有芥菜干、油菜干、白菜干之别。"芥菜味鲜，油菜性平，白菜质嫩，用以烹鸭、烧肉别有风味。

C 陈肾菜干粥

准备材料

大米100克，陈肾200克，菜干、盐各适量。

制作过程

1　大米洗净，浸泡30分钟；菜干剪去头部，浸泡以后洗净；陈肾用热水浸软后，切成数片。

2　煮沸足量清水，加入大米、菜干、陈肾煲至绵滑。

3　熄火前，加盐调味即可。

花样魅力

腊肉味咸、甘，性平，富含磷、钾、钠，还含有脂肪、蛋白质、碳水化合物等营养元素，具有开胃祛寒、消食等功效。腊肉含有一种与咸肉不同的特有风味，与鲜嫩的白菜煮粥，别有一番风味。

L 腊肉白菜粥

准备材料

稠粥1碗，白菜200克，腊肉100克，芹菜50克，食用油、料酒、高汤、盐、味精、胡椒粉、葱各适量。

制作过程

1. 平底锅放食用油烧热，下入腊肉、料酒煎至熟透，出锅，切片待用。

2. 白菜洗净，切段，放入沸水锅中氽熟，沥干水分；芹菜洗净，切末；葱洗净，切花。

3. 砂锅内加适量清水，加稠粥煮沸，放入腊肉、白菜、芹菜末、高汤、盐、味精、胡椒粉搅拌均匀，煮至粥水黏稠，撒入葱花即可。

此粥香糯鲜美，有滋补养身之效。猪小肠可提供血红素（有机铁）和促进铁吸收的半胱氨酸，能改善缺铁性贫血，还有润燥、补虚的功能。糙米味甘，性温，有健脾养胃、补中益气、调和五脏之功效。

猪肠糙米粥

准备材料

糙米150克，小肠250克，排骨250克，高汤、葱、姜丝、料酒、盐、胡椒粉各适量。

制作过程

1. 猪小肠和排骨洗净，加料酒、葱、姜丝，放入开水中烫后取出。

2. 将高汤、糙米、小肠及排骨入锅烧开煮5分钟，加盐、胡椒粉调味，焖烧锅焖30分钟即可。

花样魅力

　　猪肝富含维生素A和微量元素铁、锌、铜等营养物质，而且鲜嫩可口，常做粥品通用材料，能补肝明目、养血。此粥健胃补血，利于食欲缺乏者食用，可每日食用。

Z 芝麻花生猪肝山楂粥

准备材料

　　粳米50克，芝麻50克，花生50克，猪肝40克，山楂40克。

制作过程

1 将去壳花生、芝麻放进锅内，注水。

2 煮1小时，待花生熟后，放入洗净的粳米煮大约30分钟。

3 再放入猪肝、山楂，煮10分钟后，即可食用。

皮蛋性凉，味辛，有解热去火、清凉润肺、养阴止血、涩肠止泻、降压等功效，还有保护血管的作用。葱味辛，性温，具有通阳活血、驱虫解毒、发汗解表的功效。

葱花皮蛋粥

准备材料

皮蛋2个，大米150克，葱30克，食用油、盐各适量。

制作过程

1. 大米洗净，用食用油、盐浸泡30分钟；葱洗净，切花；皮蛋剥壳，每个切成8块。

2. 砂锅内加适量清水，大火煮沸，加大米煮沸后，转小火煮至米粒熟软，加皮蛋煮至粥成。

3. 加盐调味，撒葱花，稍煮即可。

花样魅力

淡菜含有具有降低血清胆固醇作用的物质，能抑制胆固醇在肝脏的合成、加速胆固醇排泄，从而降低体内胆固醇。此粥具有滋阴降火、清热除烦之功效，适用于高血压病、耳鸣眩晕者食用。

皮蛋淡菜粥

准备材料

大米100克，淡菜50克，皮蛋1个，食用油、盐、鸡精、香菜、香油各适量。

制作过程

1. 大米洗净，用食用油、盐浸泡30分钟；皮蛋去壳，切碎；淡菜洗净，用开水泡发，洗净；香菜洗净，切末。

2. 砂锅内加适量清水，煮沸，加入大米，煮沸，转小火煮至粥成，下皮蛋、淡菜煮约30分钟至熟。

3. 撒入适量盐、鸡精调味。装碗时，加入香菜末、香油即可。

花样魅力

皮蛋煮粥有很多种花样，加上不同的配料，可以煮出各种不同特色的皮蛋粥，比单纯的皮蛋粥要有营养。鸡肉蛋白质含量较高，且易被人体吸收利用，有增强体力，强壮身体的作用。本粥具有利尿消肿、除烦降压的功效。

皮蛋鸡糜燕麦粥

准备材料

鸡肉 20 克，燕麦片 40 克，皮蛋 1 个，盐、鸡精各适量。

制作过程

1. 将鸡肉切碎，皮蛋切成小粒。

2. 在小锅中加入水和燕麦片，打开火，并加入准备好的鸡肉碎块和皮蛋。

3. 煮沸后，转中火约1.5分钟，关火；用少量盐、鸡精调味即成。

鹌鹑蛋性平，味甘，有补血益气、益肺安神、丰肌润肤之效；桂圆肉性温，味甘，可开胃益脾、养血安神；薏米能消热利湿、健脾益肺；红枣可补血。四者一起煮成粥，可清热润肺、利水去湿、补血养颜。

A 鹌鹑蛋煮薏米粥

准备材料

鹌鹑蛋4个，桂圆肉20克，薏米30克，红枣10枚，红糖适量。

制作过程

1. 先将鹌鹑蛋煮熟，然后剥皮待用。

2. 锅内加适量水，放入桂圆肉、薏米、红枣煮粥。

3. 粥煮熟后，放入剥好的鹌鹑蛋及红糖即可。

菜心是碱性食品，冬季吃肉较多，适当吃些碱性食品可使体内的酸碱得到平衡。此外，菜心是低脂肪蔬菜，有助于减少脂肪的吸收，还能降低血脂和排除体内毒素。

咸蛋菜心粥

准备材料

大米 100 克，菜心 100 克，糯米 50 克，咸鸡蛋 1 个，盐适量。

制作过程

1. 糯米、大米淘洗干净，用温水浸泡30分钟；菜心洗净，切粒；咸蛋分离出蛋黄与蛋清。

2. 砂锅内加适量清水，放入大米、糯米煮至出现米油。

3. 放入咸蛋黄，煮至蛋黄化开，换中火，一边倒入蛋清一边搅煮至沸腾。

4. 放入菜心粒煮熟，加盐调味即可。

花样魅力

金黄、油亮的咸鸭蛋黄加上嫩滑的猪瘦肉片煮成粥，色、香、味均十分诱人。此粥滋阴养血、生津润燥，适用于阴血亏虚、形体枯瘦、病后虚弱、小儿营养不良、胃燥口渴、肺燥干咳、肠燥便秘等。

鸭蛋瘦肉粥

准备材料

大米200克，咸鸭蛋1只，猪瘦肉100克，盐、葱花、味精、食用油各适量。

制作过程

1. 大米洗净，用适量油、盐浸泡30分钟；咸鸭蛋煮熟，去壳切丁；猪瘦肉洗净，切片待用。

2. 煮沸足量清水，加入大米（连同浸米的油和盐）熬至粥成。

3. 加入猪瘦肉片、咸鸭蛋丁稍煮片刻，再用盐、味精调味，沸腾2至3次后，撒上葱花即可。

花样魅力

叉烧软嫩多汁、甜咸适口，皮蛋气味清香，入口爽滑。两者煮粥香味四溢，口感醇香，色泽鲜明，令人回味绵长，适合胃口不佳者食用。

叉烧皮蛋粥

准备材料

大米150克，叉烧100克，皮蛋1只，盐、姜丝、香油各适量。

制作过程

1. 大米洗净，加入适量油和盐腌制30分钟；叉烧切丁；皮蛋去壳，洗净，切丁。

2. 煮沸足量清水，加入大米熬至粥成。

3. 加入叉烧丁、皮蛋丁、姜丝稍煮，再加入盐、香油调味即可。

花样魅力

排骨富含蛋白质、脂肪、维生素、骨胶原、骨黏蛋白等成分。排骨与皮蛋熬粥，咸鲜适口，骨肉香滑，有滋阴养血、生津润燥的作用，还具有降火的功能，能消除上火引起的牙痛、舌尖痛等。

排骨皮蛋粥

准备材料

大米100克，小排骨200克，皮蛋、葱花、酱油、盐、食用油各适量。

制作过程

1. 大米洗净，浸泡30分钟；小排骨洗净切段，用酱油、盐腌1小时；皮蛋去壳，洗净切块。

2. 煮沸足量清水，加入大米熬粥。

3. 另烧开适量清水，煮熟小排骨；另用炒锅，烧热，放入食用油爆香葱花。

4. 食用时，将葱花、排骨放入米粥，加盐调味即可。

花样魅力

《本草纲目》中记载："薏米能健脾益胃，补肺清热，祛风胜湿。炊饭食，治冷气。煎饮，利小便热淋。"以薏米和排骨为材料加水煮成的粥，有利水消肿、健脾去湿、舒筋除痹、清热排脓等功效。

排骨薏米粥

准备材料

大米 200 克，薏米 50 克，排骨 150 克，芹菜末、盐、白胡椒粉各适量。

制作过程

1. 将大米，薏米洗净，浸泡4~5小时后，沥干；排骨汆水后，洗净备用。

2. 锅内加水煮沸，将大米、薏米与排骨放入，大火煮沸后，转小火。待肉熟米烂时，以盐调味，加盖焖煮5分钟。

3. 关火后，撒上胡椒粉、芹菜末即可。

花样魅力

高粱味甘，性温，能和胃、健脾、止泻；猪肚味甘，性微温，有补虚损、健脾胃、消食积之效。高粱与猪肚煮粥，可补中益气止渴，有助于缓解脾虚气弱、食欲缺乏、消化不良、消瘦疲倦等症。

猪肚高粱粥

准备材料

高粱米90克，猪肚100克，大米50克，莲子60克，胡椒粉、盐各适量。

🔪 制作过程

1. 高粱米炒至褐黄色为止，除壳；猪肚放开水锅中煮2分钟，捞出晾凉，切丝。

2. 把猪肚丝、莲子、胡椒粉和大米，与高粱米一齐放入砂锅内。

3. 加清水适量，大火煮沸后，转小火煮至高粱米熟烂，放盐调味即可。

花样魅力

猪蹄性味甘、咸、平，入脾、胃、肝经，有催乳、补血之功效，适用于产后缺乳，乳汁分泌不足等。《本草纲目》中说其"通乳脉，托痈疽"。猪蹄粥有养血下乳、清热润肌的作用。

猪蹄粥

准备材料

大米 50 克，猪蹄 500 克，花椒、桂皮、茴香、葱、姜、盐各适量。

制作过程

1. 猪蹄洗净，拔毛斩件，稍煮去沫；姜洗净，切片，葱洗净，切花；花椒、桂皮、茴香分别洗净；大米洗净，浸泡30分钟。

2. 锅中倒入足量清水，放进猪蹄、姜片、花椒、桂皮、茴香煮熟。

3. 加入大米煮粥，最后加盐调味即可。

花样魅力

猪杂粥是一道传统的粤式粥品，粥水与猪杂之精华相互融合，越吃越有味道。猪肝中铁质丰富，是补血食品中最常用的食物。食用猪肝可调节和改善贫血患者造血系统的生理功能，对身体有补益作用。

Z猪杂粥

准备材料

猪肝100克，猪腰150克，猪肉100克，大米100克，盐、食用油、姜片、料酒、香油、胡椒粉各适量。

制作过程

1 猪肝、猪腰分别洗净切好，用清水浸泡，水里加些料酒去腥；猪肉剁成肉末，用适量盐和油腌制。

2 用砂锅将大米熬成一锅米花粥，放姜片，倒入食用油，再倒入猪肝，煮沸后，再煮2分钟。然后，倒入猪腰和猪肉末，用勺子打散，大火煮沸再煮3分钟。

3 出锅前，加入盐调味，撒上胡椒粉，淋香油即可。

花样魅力

干贝味道鲜美，富含蛋白质、碳水化合物、维生素B$_2$和钙、磷、铁等多种营养成分。干贝与鸡肉煮粥，有滋阴补肾、和胃调中、补益健身、暖胃暖心等作用，适宜脾胃虚弱、气血不足者食用。

G 干贝鸡丝粥

准备材料

大米150克，干贝50克，熟鸡肉200克，水发香菇、味精、盐、香油、胡椒粉、葱花各适量。

制作过程

1. 大米洗净，浸泡30分钟；干贝去筋，洗净，蒸熟撕碎；熟鸡肉撕碎；水发香菇洗净切丁。

2. 煮沸足量清水，加入大米、香菇丁煮沸，改小火煮至粥浓米烂。

3. 加入干贝、鸡碎块拌匀煮沸，再放入盐、味精、香油、胡椒粉调味，撒上葱花即可。

花样魅力

生菜同鸡肉煮粥，青翠稠滑，保留了生菜质地脆嫩、鲜嫩清香的口感，具有清肝利胆、养胃生津等功效。火腿内含丰富的蛋白质和脂肪，多种维生素和矿物质，各种营养成分更易被人体所吸收。

$\mathcal{J}$ 鸡丝生菜粥

准备材料

稠粥1碗，鸡丝75克，生菜、火腿各30克，鸡汤、盐、料酒、水淀粉各适量。

制作过程

1. 鸡丝加入盐、料酒和水淀粉拌匀腌5分钟，下入开水中焯透，捞出，沥净水分；火腿切丝备用。

2. 锅中倒入稠粥上火烧滚，加入鸡汤、鸡丝、生菜、火腿丝，煮至粥黏稠，加盐调味即可。

花样魅力

蟹肉含有丰富的蛋白质及微量元素，对身体有很好的滋补作用。以膏蟹煮粥，米粒浓稠、柔腻可口，膏蟹的鲜味融入粥中，海鲜味十足，喝一口，让人回味无穷。此粥可益气养血、强筋壮骨。

砂锅膏蟹粥

准备材料

大米150克，活膏蟹1只，香菜末、姜片、盐、味精、料酒、胡椒粉、熟猪油、食用油各适量。

制作过程

1 将大米淘洗干净，加入盐、食用油拌匀，浸泡30分钟；膏蟹洗净，斩成块，加入料酒拌匀，腌渍片刻，再下入沸水中汆去腥味，捞出备用。

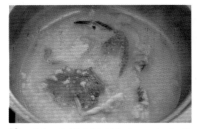

2 砂锅内放适量清水，大火煮沸，加入大米、姜片、膏蟹，用大火煮沸，再烹入料酒，转小火熬煮2小时。

3 待粥将成时，捞出姜片，淋入熟猪油，加盐、味精、胡椒粉、香菜末拌匀即可。

花样魅力

生蚝味咸平，性微寒，其所含的蛋白质中有多种优良的氨基酸，不仅可化痰软坚、清热除湿，还可除去体内的有毒物质，其中的氨基乙磺酸又有降低血胆固醇浓度的作用。

蚝仔肉碎粥

准备材料

白饭两碗，鲜蚝仔250克，肉碎80克，炸鱼块10克，芹菜、冬菜、盐、糖、粟粉各适量。

制作过程

1 鲜蚝仔拣去蚝壳，用粟粉揉擦后；冲洗干净，沥干；肉碎加盐拌匀，腌10分钟。

2 白饭用热水浸洗片刻，沥干后盛锅中。

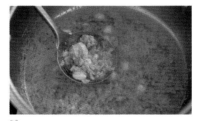

3 锅内加适量清水，大火煮沸，放入碎肉、蚝仔肉煮片刻，用盐调味。

4 加入炸鱼块、芹菜、冬菜，煮沸。

5 倒入白饭稍煮即可。

花样魅力

生菜鱼丸粥是一种广东生滚粥，即用新鲜做好的鱼丸，加入白粥里煮熟，然后放入生菜丝。生滚粥就是像这样用预先煮好的白粥加新鲜肉料一锅锅滚熟而成的，这种做法既保存了素材原来的鲜美度，又不会破坏其营养物质，故而深受大众的喜爱。

生菜鱼丸粥

准备材料

大米100克，鱼丸100克，生菜、姜丝、葱花、盐、食用油各适量。

制作过程

1. 大米洗净，加食用油、盐浸泡30分钟；生菜洗净，切丝。

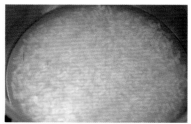

2. 锅内加适量清水，煮沸，加大米，用小火煮30分钟。

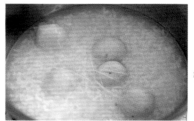

3. 放鱼丸、姜丝，沸煮10分钟。

4. 加盐调味，撒上生菜丝、葱花拌匀即可。

花样魅力

墨鱼含丰富的蛋白质，以墨鱼煮粥，可补气血、滋肝肾，但脾胃虚寒的人应少吃，高血脂、高胆固醇血症、动脉硬化等心血管病及肝病患者应慎食。

墨鱼粥

准备材料

鸡肉100克，墨鱼100克，糯米150克，盐适量。

✂ 制作过程

1. 鸡肉洗净；墨鱼洗净；糯米淘洗干净，浸泡30分钟。

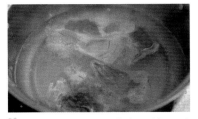

2. 砂锅内加适量清水，放入鸡肉及墨鱼，一起炖烂，取出鸡肉及墨鱼，留浓汁；鸡肉、墨鱼切丝。

3. 加入糯米，大火煮沸，转小火煮至粥成。

4. 拌入鸡肉丝、墨鱼丝。

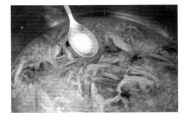

5. 加盐调味即可。

花样魅力

生鱼粥是一种用鱼肉和大米等材料一起熬成的粥品，鲜嫩爽口，有很强的滋补功效。鱼肉富含蛋白质、脂肪、氨基酸等，还含有人体必需的钙、磷、铁及多种维生素，对人体有重要的补益作用。

砂锅生鱼粥

准备材料

大米100克，鱼肉100克，食用油、盐、酱油、淀粉、蛋白、姜丝、葱花各适量。

制作过程

1 大米洗净，加食用油、盐浸泡30分钟；鱼肉洗净，切薄片，加入酱油、淀粉、蛋白、姜丝腌5分钟。

2 砂锅内放适量清水，大火煮沸，加大米煮沸，转小火煮约30~40分钟，至粥稠浓。

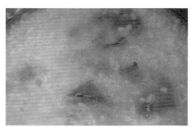

3 加入鱼片、姜丝，煮沸。

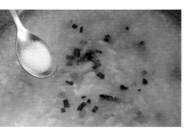

4 加盐调味，然后撒葱花即可。

草鱼含有丰富的不饱和脂肪酸，对血液循环有利。草鱼腩、草鱼肉和腐竹一起煮粥，易被人体消化吸收，具有健脑益智、降低血脂等功能。但是鱼片不宜放太多，太多会影响粥的柔滑度。

香菜草鱼片粥

准备材料

大米120克，草鱼腩80克，草鱼肉80克，腐竹、香菜各20克，姜5克，食用油、盐、糖、胡椒粉、陈皮各适量。

✂ 制作过程

1 大米洗净沥干，加食用油、盐发涨，待呈乳白色时，压碎；陈皮浸软去瓤；腐竹洗净，剪碎；姜片洗净，切丝；香草洗净，切碎；草鱼肉切片，加入姜丝、食用油、盐、糖、胡椒粉腌好。

2 草鱼腩洗净沥干，放入平底锅煎香；另用袋装入煎好的鱼腩、陈皮、姜丝。

3 砂锅内加入适量清水，放入腐竹、鱼袋煮 30 分钟。

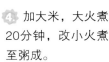

4 加大米，大火煮20分钟，改小火煮至粥成。

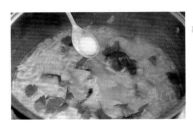

5 放入鱼片、剩下的姜丝拌煮熟，加盐调味，撒香菜即可。

花样魅力

虾含有比较丰富的蛋白质和钙、磷等营养成分，对小儿、孕妇尤有补益功效。虾仁、猪瘦肉、小白菜、燕麦片等一起煮粥，营养比较全面，经常食用可补充大脑中的多种不饱和脂肪酸。

R 肉末虾仁菜粥

准备材料

燕麦片 100 克，虾仁 40 克，猪瘦肉 50 克，小白菜 30 克，盐适量。

制作过程

1. 将猪瘦肉洗净，放入沸水锅中汆熟，取出剁碎，留肉汤待用；小白菜、虾仁剁碎。

2. 砂锅内加燕麦片、肉汤，并加适量清水，用小火煮沸。

3. 燕麦片煮黏稠后，放入猪瘦肉、小白菜和虾仁，用筷子搅拌均匀，再次用小火煮沸，加盐调味即可。

花样魅力

鲜虾粥是一道常见的家常粥品，老少咸宜。虾的营养价值很高，含有蛋白质、钙，而脂肪含量较低，有健脑、养胃、润肠的功效。以虾煮粥，虾鲜粥稠，黏稠的粥中带着一丝咸鲜的味道，吃起来开胃可口。此粥可和胃补脾、润养肺燥。

鲜虾粥

准备材料

大米100克，大对虾（鲜）200克，食用油、酱油各15毫升，料酒10毫升，葱花、淀粉、盐、糖、胡椒粉各适量。

制作过程

1. 将大米淘洗干净，加盐浸泡30分钟；将大对虾去壳并挑出沙肠洗净，切块盛入碗内，放入淀粉、食用油、料酒、酱油、糖和少许盐，拌匀上浆。

2. 砂锅内加适量清水，煮沸，倒入大米，再煮沸，转小火熬煮40~50分钟，至粥成，放入浆好的虾肉，用大火煮沸。

3. 食用时，撒上葱花、胡椒粉即可。

花样魅力

黑木耳中的胶质可把残留在人体消化系统内的灰尘、杂质吸附集中起来排出体外，从而起到清胃涤肠的作用。此粥主要由黑木耳、虾米和大米熬煮而成，黑木耳爽脆清淡，虾米味美鲜香，白粥浓稠绵稠，入口香糯，令人回味无穷。

黑木耳虾米粥

准备材料

大米100克，黑木耳、虾米、菠菜各50克，味精、盐各1克，姜末适量。

制作过程

1. 大米淘洗干净，浸泡30分钟；黑木耳用冷水泡发，菠菜洗净，虾米洗净，泡发回软。

2. 砂锅内加适量清水，加大米煮沸，转小火煮至粥成。

3. 加姜末、盐、味精，煮沸，加黑木耳、虾米和菠菜，煮沸即可。

花样魅力

味噌中含有较多的蛋白质、脂肪、糖类及铁、钙、锌和烟酸等营养物质，常食能改善便秘。虾仁、干贝、墨鱼丝等均具鲜味，与味噌一起煮粥，味道鲜美可口，鲜香而不腻。最后放一点芹菜和葱花，提味而又不会掩盖虾仁、干贝、墨鱼丝的鲜味。

味噌虾球带子粥

准备材料

米饭1碗，虾仁20克，干贝20克，味噌50克，墨鱼丝、芹菜、葱花、淀粉、盐、味精、胡椒粉各适量。

制作过程

1. 虾仁洗净，挑去肠泥；干贝洗净切片，以少许淀粉调制；用少许冷水将味噌打散备用。

2. 锅内加水和米饭一起煮开，加味噌煮15分钟，放入墨鱼丝、虾仁及干贝，再煮5分钟。

3. 待粥成时，加入盐、味精、胡椒粉拌匀。起锅前，放芹菜、葱花即可。

花样魅力

紫菜富含胆碱和钙、铁等营养成分，能增强记忆，治疗妇幼贫血，促进骨骼、牙齿的生长。紫菜粥中加入虾皮，可以起到提鲜的作用。

虾皮紫菜粥

准备材料

大米 100 克，紫菜 10 克，虾皮 5 克，盐 2 克。

制作过程

1. 大米洗净，浸泡30分钟；虾皮洗净；紫菜用清水泡软，捞出沥水。

2. 砂锅内加适量清水，煮沸，倒入大米，再煮沸，加虾皮、紫菜，改小火熬煮至粥成。

3. 加盐调味即可盛出。

花样魅力

鲤鱼的蛋白质含量不但高，而且质量佳，人体消化吸收率也高，并能供给人体必需的氨基酸、矿物质、维生素A和维生素D。赤豆和鲤鱼煮粥，味道咸鲜，加点陈皮味道更丰富，而且开胃健脾，增加食欲。

赤豆鲤鱼粥

准备材料

　　鲤鱼1条，赤豆100克，大米100克，陈皮6克，熟猪油、姜、葱、料酒、盐、味精、香油各适量。

制作过程

1. 将鲤鱼剖杀，去鳞、鳃、内脏，洗净，去骨、刺；赤豆、大米洗净，浸泡30分钟；姜去皮，切片；葱洗净，切末。

2. 砂锅置火上，加入熟猪油烧热，投入姜片、葱末炝锅，烹入料酒，加适量清水煮沸。

3. 放入赤豆、大米、陈皮，煮至粥成；然后放入鲤鱼肉，煮熟；最后放入盐、味精、香油即可。

海参富含蛋白质、矿物质、维生素等50多种天然珍贵活性物质。可明显降低心脏组织中的脂褐素和皮肤羟脯氨酸的数量，有延缓衰老的功效。此粥是以韭菜、海参为材料熬制而成的粥，成品鲜嫩味美、清香适口，可益肾补虚。

J 韭菜海参粥

准备材料

大米 100 克，韭菜、海参、盐各适量。

制作过程

1. 韭菜洗净切碎；海参浸泡片刻，洗净切丁；大米洗净，浸泡30分钟待用。

2. 锅内注入适量清水，加入韭菜、海参、大米同煮成粥。

3. 粥成时，加盐调味即可。

花样魅力

鲮鱼中含有丰富的蛋白质、维生素A、钙、镁、硒等营养成分，有益气血、健筋骨、通小便之功效；黄豆富含人体所需的多种营养物质，可以提高机体的抗病能力和康复能力。鲮鱼与黄豆煮粥，肉质细嫩、味道鲜美，适合脾胃虚弱者食用。

𝓛 鲮鱼黄豆粥

准备材料

大米100克，黄豆50克，鲮鱼100克，盐、味精、豌豆粒、葱末、姜末、胡椒粉各适量。

制作过程

1. 大米洗净，泡30分钟；黄豆浸泡12小时，捞出，用沸水去豆腥味；鲮鱼洗净，切成小块；豌豆焯水烫透即可。

2. 锅中放入大米、黄豆、清水，上大火煮沸，转小火慢煮1小时。

3. 待粥黏稠时，下入鲮鱼块、豌豆粒，加盐、味精、胡椒粉调味，最后撒上葱末、姜末即可。

花样魅力

鲫鱼性平，味甘，易于消化吸收，具有和中开胃、健脾利湿、温中下气之功效；糯米同样能补中益气、缓中和胃。鲫鱼与糯米煮粥，很适合脾虚、食欲缺乏、消瘦乏力者食用。

鲫鱼糯米粥

准备材料

鲫鱼1条，糯米150克，姜、葱、盐各适量。

制作过程

1. 将鲫鱼洗净，起肉切薄片；糯米洗净；姜去皮切成粒；葱切花。

2. 用砂锅加适量清水煮沸，入鲫鱼、糯米、姜粒，中火煮至鱼肉烂、糯米开花。

3. 然后调入盐继续煮10分钟后，撒上葱花。

花样魅力

草鱼肉不仅含有丰富的蛋白质，还含有适量的矿物质、纤维及丰富的维生素B，都有助于宝宝发育成长。草鱼肉煮粥，鲜嫩软滑；小米加大米，黄白分明，看起来很诱人。此粥黏稠鲜香，具有降低血脂、促进血液循环、健脑等作用。

小米鱼肉粥

准备材料

草鱼肉100克，小米30克，大米、盐各适量。

制作过程

1. 大米淘洗净，用清水浸1小时。
2. 将大米下锅加水煮开，然后，用小火煮至稀糊。
3. 将小米洗净倒进粥里，拌匀，煮熟。
4. 鱼蒸熟，去骨，切片后，加入粥内，加适量盐调味。

花样魅力

章鱼含有丰富的蛋白质、矿物质等营养元素，还富含抗疲劳、抗衰老、能延长人类寿命等重要保健因子——天然牛磺酸。此粥香糯黏滑，有补中益气、养胃健脾、固表止汗等功效。

章鱼糯米粥

准备材料

章鱼70克，糯米100克，红枣50克，盐适量。

制作过程

1 糯米淘洗干净，浸泡30分钟；红枣洗净，打上刀纹；章鱼洗净。

2 锅内加适量清水，放章鱼煮熟。

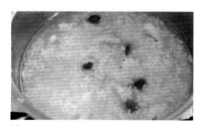

3 加入糯米、红枣，大火煮沸。

4 转小火熬煮30分钟至粥成，

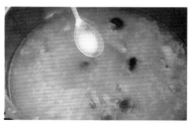

5 加盐调味即可。

银鱼富含蛋白质、脂肪、钙、磷、铁等成分，有润肺止咳、善补脾胃、宜肺、利水的功效。青菜银鱼粥是一款以银鱼为主要材料制成的粥品，银鱼肉质鲜美、柔软，适合营养不良、脾虚者食用。

青菜银鱼粥

准备材料

大米100克，小银鱼100克，青菜25克，食用油、盐、料酒、胡椒粉各适量。

制作过程

1 大米洗净，加食用油、盐浸泡30分钟；青菜洗净，汆熟捞出，过冷沥干，切段；小银鱼泡水，洗净。

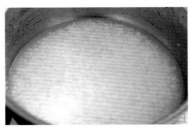

2 锅内加适量清水，煮沸，加大米煮30分钟。

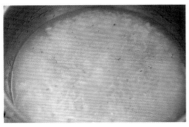

3 加入小银鱼煮熟。

4 加入青菜段、盐、料酒、胡椒粉，调拌均匀即可。

花样魅力

冬瓜含维生素C较多，且钾盐含量高，钠盐含量较低，有清热解毒、利水消痰等功效，并且能达到消肿而不伤正气的作用。冬瓜和赤豆一起煮粥，可以利小便、消水肿、解热毒。

D 冬瓜赤豆粥

准备材料

冬瓜100克，赤豆100克，冰糖适量。

制作过程

1 冬瓜洗净，切丁；赤豆洗净，浸泡1小时。

2 砂锅内加适量清水，煮沸，加赤豆，大火煮沸，转小火煮约40分钟，至赤豆烂。

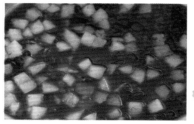

3 加入冬瓜煮约20分钟。

4 再加冰糖调味即可。

花样魅力

冬瓜皮味甘、淡，性微寒，有利水消肿、消热解渴之效；黑豆味甘，性平，有消肿下气、润肺燥热、解毒的作用。冬瓜皮与黑豆同煮粥，可增强肾脏功能，有助于排尿。

D 冬瓜皮黑豆粥

准备材料

大米100克，冬瓜皮90克，黑豆50克，食用油、盐适量

✂ 制作过程

1 黑豆洗净，浸泡1小时；大米洗净，浸泡30分钟；冬瓜皮洗净、切片，用干净纱布包好。

2 锅内加适量清水，煮沸，放入冬瓜皮纱布袋、黑豆煎煮约20分钟。

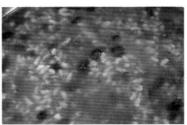

3 拣出冬瓜皮纱布袋，加入大米，转小火煮至粥成。

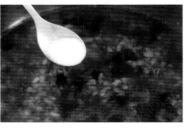

4 加适量食用油、盐调味即可。

花样魅力

此粥富含淀粉、蛋白质、钙、磷、维生素 C、维生素 E 和胡萝卜素等营养成分。燕麦片搭配南瓜，可以起到滑肠通便、排毒养颜的功效。

燕麦南瓜粥

准备材料

燕麦片30克，大米50克，南瓜200克，葱花、盐各适量。

制作过程

1 南瓜洗净，削皮，切成小块；大米洗净，用清水浸泡30分钟。

2 锅内放入大米，加适量清水，大火煮沸后，转小火煮20分钟。

3 放入南瓜块，小火煮 10 分钟。

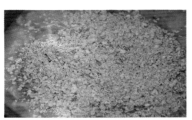

4 加入燕麦片，继续煮10分钟。

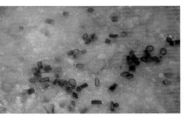

5 熄火后，加入盐、葱花等调味即可。

南瓜内含有维生素和果胶，果胶有很好的吸附性，能消除体内细菌毒素和其他有害物质，如重金属中的铅、汞和放射性元素，能起到解毒作用。薏米祛湿，赤豆养颜，与南瓜搭配，有一定的健身、润肤的作用。

薏米赤豆南瓜粥

准备材料

赤豆100克，薏米80克，南瓜、糖各适量。

制作过程

1 将赤豆和薏米对等分量提前用水浸泡1小时；南瓜洗净，削皮，切成小块。

2 将赤豆放入锅内，中火煮沸。

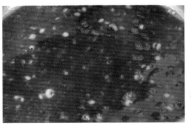

3 加入薏米，转小火煮至七成熟。

4 放入南瓜同煮，直至熟烂，加糖调味即可。

口蘑香菇粥是一道由大米、口蘑、香菇、鸡肉配以高汤制成的具有清香味的粥品，富含蛋白质、氨基酸及维生素等多种营养成分，可提高免疫力及强身健体。

口蘑香菇粥

准备材料

稠粥1碗，口蘑80克，香菇50克，高汤250毫升，鸡肉馅50克，食用油、料酒、酱油、盐、味精、葱花各适量。

制作过程

1 香菇泡发回软，洗净去蒂，切片；口蘑洗净切片。

2 锅内放食用油，烧热，放鸡肉馅翻炒，烹料酒、酱油炒熟。

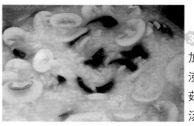

3 锅内加入稠粥，加适量清水，上火煮沸，加入口蘑片、香菇片及盐、味精和高汤，煮约15分钟。

4 加入炒好的鸡肉馅，搅拌均匀，撒上葱花即可。

小米味甘咸，有清热解渴、健胃除湿、和胃安眠之效；平菇味甘性温，可祛风散寒、舒筋活络。小米和平菇熬粥，口感柔滑，可滋阴补虚、健胃消食，适合脾胃虚弱者食用。

鲜菇小米粥

准备材料

小米100克，鲜平菇50克，粳米50克，葱末3克，盐2克。

制作过程

1 鲜平菇洗净，入沸水锅中稍余，捞起切片。

2 粳米、小米分别淘洗干净，用冷水浸泡30分钟，捞出，沥干水分。

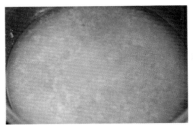

3 锅中加入水，将粳米、小米放入，用大火煮沸，再改用小火熬煮。

4 待再煮沸，加入鲜平菇拌匀，放盐调味，再煮5分钟，撒上葱末，即可盛起食用。

花样魅力

金针菇味甘，性寒，具有补肝、益肠胃之效；草菇性寒，味甘、微咸，可消食祛热、补脾益气、清暑热。金针菇同草菇一起煮粥，可护肝健胃、补益气血，增强人体免疫力。

Y 养生菇粥

准备材料

大米100克，草菇20克，金针菇50克，小黄瓜20克，食用油、盐、枸杞子各适量。

制作过程

1. 将小黄瓜洗净，切丝；草菇洗净；金针菇洗净，切段；大米洗净，加食用油、盐浸泡30分钟。

2. 把草菇、金针菇、小黄瓜放入沸水中氽烫，捞出。

3. 锅内加适量清水，大火煮沸，加大米，煮沸，转中火煮至粥成。

4. 加草菇、金针菇、小黄瓜、枸杞子，煮沸后，转小火煮10分钟，加入盐调味，再煮沸即可。

黑木耳味甘，性平，清肺益气。黑木耳和红枣一起煮粥，味道甘美，可调理气血、滋阴润肺、清热解暑，适合肺阴虚咳嗽、气喘、内火旺者食用。

H 黑木耳红枣粥

准备材料

黑米100克，黑木耳10克，红枣20克，冰糖适量。

制作过程

1. 黑木耳放入温水中泡发，去蒂，除去杂质，撕成瓣状；黑米淘洗干净，在清水中浸泡30分钟后，沥干；红枣洗净，剔去核。

2. 将黑木耳、黑米和红枣一同放入锅内，加水置大火上煮沸，再转小火慢炖。

3. 直至黑木耳烂熟、黑米成粥后，加入冰糖调味即可。

花样魅力

莲藕含有丰富的维生素B₁、维生素C、膳食纤维、淀粉和铁等营养成分。莲藕和猪肉一起煮粥，味道清香，莲藕清脆，具有补血生津、健脾开胃、润燥等功效，适合食欲缺乏、口干舌燥者食用。

R 润肤鲜藕粥

准备材料

大米100克，鲜莲藕200克，猪肉150克，枸杞子20克，淀粉、盐、食用油、味精各适量。

制作过程

1. 大米洗净，加油、盐浸泡30分钟；莲藕洗净，削皮切片，再用冷水浸泡；猪肉洗净，切片，与淀粉拌匀。

2. 锅内加适量清水，大火煮沸，放入大米、莲藕、猪肉片和枸杞子，再次煮沸后，改小火熬煮约40分钟，至粥成。

3. 加盐、味精调味即可。

花样魅力

此粥以胡萝卜、竹笋、香菇、草菇、黑木耳等素菜为主，没有荤腥酒肉的气味，是一款清净的素粥，可以净化血液循环、清洁五脏六腑。

罗汉粥

准备材料

大米150克，胡萝卜、竹笋、香菇、草菇、黑木耳、淀粉、盐、味精、食用油各适量。

✂ 制作过程

1. 香菇泡软去蒂，洗干净，沥干，切片，拌入适量食用油备用。

2. 胡萝卜洗净，切粒；竹笋、黑木耳、草菇分别洗净，切丁，用沸水稍烫，捞起备用。

3. 大米连同清水共煮15分钟，加入香菇、胡萝卜、竹笋、黑木耳、草菇继续煮5分钟，加入盐和味精拌匀即可。

花样魅力

南瓜味甘，性温，富含蛋白质、膳食纤维、胡萝卜素、维生素B₁、维生素B₂、维生素C及钾、钙、磷、铁、锌等营养成分，可补中益气、消滞减肥；红枣益气养血；百合可益气安神。这三者和大米一起煮粥，软糯甜嫩，适合春天气候比较干燥时食用。

N 南瓜百合红枣粥

准备材料

南瓜250克，大米100克，红枣、鲜百合、盐各适量。

制作过程

1. 红枣提前用温水泡1小时；百合掰成瓣状；南瓜去皮去瓤，切成小粒。

2. 将红枣、百合、南瓜和洗好的大米混合，添加适量的水，放入锅内用大火煮。

3. 煮沸后，转小火慢熬，约1小时后，关火，再焖上10分钟，加盐调味即可。

花样魅力

丝瓜味甘，性寒，能除热利肠；玉米味甘，性平，可开胃健脾、除湿利尿。丝瓜和玉米煮粥，再配上虾皮，有滋肺阴、补肾阳等功能，还有利于小儿大脑发育及中老年人大脑健康。

丝瓜玉米粥

准备材料

丝瓜300克，玉米粒100克，虾皮15克，葱、姜、盐、味精、料酒各适量。

✂ 制作过程

1. 丝瓜去外皮，洗净，切滚刀片；玉米粒洗净；葱洗净，切花；姜去皮，切末。

2. 锅内加适量清水，加玉米粒，以大火煮沸，改小火煮约40分钟至酥烂，放入丝瓜块及虾皮，加葱花、姜末、盐、味精、料酒，拌和均匀。

3. 以小火煮约20分钟即可。

花样魅力

香菇玉米粥是一道家常粥品，软烂鲜香，营养丰富。香菇性甘，味平，有补肝肾、健脾胃、益气血、美容颜等功效，且对体内的过氧化氢有一定的消除作用，从而起到延缓衰老的作用。

香菇玉米粥

准备材料

水发香菇100克，玉米粒100克，葱、姜、盐、味精、五香粉各适量。

制作过程

1. 将水发香菇去杂，洗净，撕碎或切碎，入沸水锅中略烫，捞出；玉米粒洗净；葱洗净，切花；姜去皮，切末。

2. 锅内加适量清水，加玉米粒大火煮沸，改小火煮至酥烂，入碎香菇，拌匀，继续用小火煮沸。

3. 撒葱花、姜末，调入盐、味精、五香粉，拌匀即可。

花样魅力

芡实、薏米、山药都有健脾益胃的功效，但又有所不同，芡实可健脾补肾、补充气血，薏米可健脾清肺、祛湿利水，山药可补五脏、益气养阴。三者一同熬粥，既能健脾益胃，还可以缓解贫血之症。

❷ 芡实薏米山药粥

准备材料

芡实50克，薏米50克，山药100克，大米、糖各适量。

制作过程

1. 芡实提前一天用清水浸泡，洗净；薏米和大米洗净，浸泡1小时；山药洗净，去皮，切成小粒，浸泡在清水里。

2. 锅内放入芡实、大米、山药粒，加适量清水，大火煮沸，加入薏米，转小火煮至粥成。

3. 加糖调味即可。

花样魅力

玉米味甘，性平，可调中开胃、益肺宁心；山药味甘，性平，不温不凉不燥，润肺滋肾。两者熬成粥，既美味又营养，老少咸宜。此外，玉米营养丰富，内含蛋白质、脂肪、碳水化合物、钙、磷、铁及多种维生素，有助于延年益寿。

山药玉米粥

准备材料

玉米粒60克，山药100克，糯米100克，糖适量。

制作过程

1. 将玉米粒洗净；山药去皮，切成小粒；糯米用清水洗净。

2. 锅内注入适量清水，用中火煮沸，加入糯米，改小火煮至米开花，加入玉米粒、山药粒，煮沸。

3. 调入糖，继续煮15分钟即可。

花样魅力

黑豆味甘，性平，含有丰富的蛋白质、维生素、铁等营养成分，可养阴补气、滋补明目、除热解毒；黑米味甘，性平，可健身暖胃、健脾活血。黑豆、黑米、山药一起煮的粥香浓稠密，有滋阴补血、健脾开胃、利湿解毒之效。

山药黑米粥

准备材料

黑米100克，黑豆50克，山药15克，无核黑枣、黑芝麻、核桃各适量。

制作过程

1. 将黑豆、黑米分别用水泡制1小时以上；黑枣用水煮至发泡后，搅打成泥状。

2. 山药去皮洗净，切小丁；核桃与黑芝麻放入锅内炒香后，搅匀。

3. 锅内放水煮开，加入黑豆、黑米、山药与黑枣泥，再次沸腾后，改小火继续煮，中间不时搅拌，待粥熬至八九成熟的时候，加入核桃与黑芝麻同煮即可。

豌豆营养丰富，含有蛋白质、碳水化合物、脂肪、维生素等营养成分；豆腐味甘，性凉，可调和脾胃、清热散血。豌豆和豆腐煮粥，具有益中气、利小便、消肿之功效，如配上猪肉馅，有提味之用。

豌豆豆腐粥

准备材料

大米100克，豆腐100克，大麦米50克，豌豆50克，猪肉馅25克，盐、味精、葱末、姜末、食用油、料酒、酱油各适量。

制作过程

1. 大米洗净，用食用油、盐浸泡30分钟；大麦米浸泡8小时；豆腐切丁；猪肉馅加食用油、葱末、姜末、料酒、酱油炒熟。

2. 砂锅内加适量清水，大火煮沸，加入大米、大麦米、豌豆，大火煮沸，转小火煮45分钟。

3. 下入豆腐丁和炒好的猪肉馅继续煮10分钟至粥成，加入盐、味精搅拌均匀即可。

花样魅力

薏米祛湿，糯米养胃，红枣补血，嫩豆腐益气。此粥有利水消肿、清热润燥、健脾祛湿的作用。

D 豆腐薏米粥

准备材料

薏米30克，糯米20克，嫩豆腐100克，红枣25克，冰糖适量。

✂ 制作过程

1. 薏米、糯米洗净；豆腐洗净，切成小丁；红枣洗净，泡涨。

2. 锅中放入清水煮沸，放入薏米、糯米、红枣煮沸，转小火熬煮约30分钟。

3. 放入豆腐、冰糖，再煮约15分钟，熟烂入味即可。

花样魅力

此粥是由鸡肉、绿豆芽和燕麦片一起制成的一道燕麦粥，味道独特，营养丰富。燕麦片味甘，性平，其膳食纤维含量丰富，具有益肝和胃、润肠通便的作用。

D豆芽燕麦粥

准备材料

鸡肉20克，绿豆芽50克，燕麦片40克，食用油、盐、味精各适量。

制作过程

1. 将鸡肉切碎，绿豆芽洗净。

2. 锅中倒入适量食用油，放入鸡肉碎和绿豆芽略翻炒；加入水和燕麦片，煮沸后，转中火煮约2分钟。

3. 用少量盐、味精调味即成。

乐享健康 PART 4

我的五谷杂粮粥

G 甘薯绿豆粥

准备材料

甘薯80克，绿豆50克，粳米、糯米各40克，红糖适量。

健康物语

　　甘薯绿豆粥是一道很平常的夏日消暑佳品。甘薯中含有丰富的蛋白质、脂肪和维生素B_1、维生素B_2、维生素C，能补中益气、健脾养胃；绿豆甘凉，煮食可解暑止渴、利小便。

制作过程

1 粳米、糯米、绿豆洗净，浸泡1小时。

2 甘薯洗净，去皮，切丁。

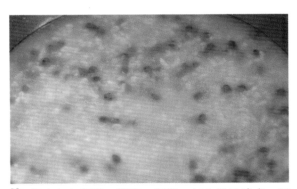

3 锅内加入粳米、糯米、绿豆，加入适量清水，以大火煮沸，再改用中小火熬煮20分钟。

4 加入甘薯，待甘薯变软、粥表面稠密、糯软。

5 加红糖调味即可。

L 绿豆小米粥

准备材料

绿豆50克，小米50克，大米30克，糯米30克，糖适量。

健康物语

绿豆小米粥不仅能补充水分，而且还能及时补充无机盐，营养非常丰富，且具有清热解毒、解暑止渴等作用，适用于中暑、暑热烦渴等症。

制作过程

① 绿豆洗净，浸泡1小时。

② 小米、大米、糯米分别洗净。

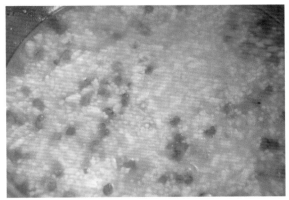

③ 把绿豆、小米、大米、糯米放入锅内，加适量清水，大火煮沸，转小火煮40分钟，期间隔10分钟左右搅拌1次，以免粘锅底。

④ 加糖调味，熄火后，闷10分钟左右，用勺子搅拌均匀即可盛出。

黑豆糯米粥

准备材料

糯米60克，黑豆30克，糖适量。

黑豆糯米粥甜糯可口、营养丰富，既有糯米的甜腻，又有黑豆的豆香，两者相融，香甜中带着淡淡的清香。此粥可健脾养胃、补中益气、补血安神。

制作过程

1. 将黑豆、糯米淘洗干净，浸泡1小时。

2. 将黑豆、糯米倒入锅内，加适量清水，用中火慢煮成粥。

3. 中间不断搅拌，至粥变软稠。

4. 加糖调味即可。

C 赤豆红枣红糖粥

准备材料

红枣20克，红糖35克，赤豆60克，大米100克。

此粥主要由赤豆、大米、红枣、红糖制成，有良好的利尿作用，能清热解毒、利水消肿，对肾炎水肿、妊娠胎漏、产后缺乳及产后贫血诸症有益。

制作过程

1. 将赤豆洗净，用清水泡软。

2. 红枣洗净，大米淘洗干净，备用。

3. 锅内加适量清水，放入赤豆、红枣、大米，大火煮沸，转小火煮至粥成。

4. 调入红糖调味，煮溶拌匀即可。

三红补血益颜粥

准备材料

红枣40克，紫米50克，枸杞子、红糖各20克。

健康物语

此粥可补血养颜、养肝益气。红枣能提高人体免疫力，能促进白细胞的生成，降低血清胆固醇，提高人血白蛋白，保护肝脏，还可以抗过敏、除腥臭怪味、宁心安神、益智健脑、增强食欲。

制作过程

① 红枣洗净，去核，切片；枸杞子用水泡片刻。

② 紫米淘净，浸泡1小时。

③ 锅内放适量清水，放入红枣、枸杞子、紫米，先用大火煮沸，再改小火熬至米烂成粥。

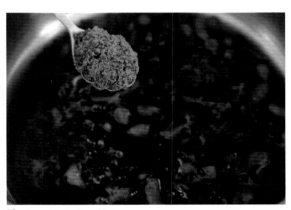

④ 加红糖煮溶，拌匀即可。

我的粥品屋

𝒵 紫薯薏米粥

准备材料

薏米100克，紫薯50克，山药20克。

健康物语

这是一道由薏米、紫薯、山药煮成的粥品。紫薯纤维素含量高，可促进肠胃蠕动，排出粪便中的有毒物质和致癌物质，还富含硒元素和花青素，是防治疾病最直接、最有效、最安全的自由基清除剂。

制作过程

① 薏米淘净，浸泡1小时。

② 紫薯、山药分别去皮，洗净，切块。

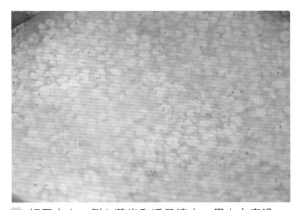

③ 锅置火上，倒入薏米和适量清水，用大火煮沸。

④ 加入山药、紫薯，用小火熬制40分钟即可。

H 荷香绿豆薏米粥

准备材料

香米100克，绿豆50克，薏米50克，鲜荷叶1张，盐适量。

健康物语

　　此粥由香米、绿豆、薏米一起煮制而成，加入荷叶，别有一番香味。荷叶含有莲碱、原荷叶碱和荷叶碱等多种生物碱及维生素C，有清热解毒、健脾升阳、去火润燥、散瘀止血等作用。

制作过程

1. 绿豆、薏米和香米洗净，绿豆、薏米分别浸泡30分钟。

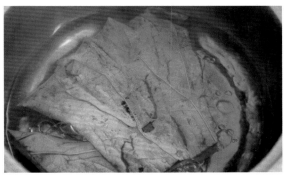

2. 荷叶洗净，放入凉水浸泡30分钟或入沸水汆1分钟。

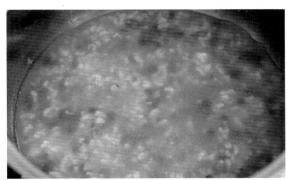

3. 锅内放绿豆、香米，加适量清水，大火煮沸。

4. 加入薏米，转小火煮2小时至软烂。

5. 荷叶剪下外围一周，把中间圆形当作锅盖，剪下的外围放入锅内与粥一起煮30分钟，捞出荷叶去掉，加盐调味即可。

L 莲子紫米粥

准备材料

干莲子、紫米、大米、薏米各50克，糖适量。

健康物语

此粥香甜美味，有益健康，富含蛋白质、脂肪、碳水化合物、维生素B₁、维生素B₂、叶酸，以及铁、锌、钙、磷等人体所需微量元素，有养心安神、补血健脾之效。

制作过程

1 干莲子洗净，用清水浸泡2小时，抽去莲子心。

2 紫米、大米和薏米淘洗干净，用清水浸泡30分钟。

3 锅内加适量清水，大火煮沸，放紫米、大米和薏米，煮沸，转小火煮40分钟至米粒软烂。

4 放入莲子，继续煮20分钟至粥成，加糖调味即可。

ℒ莲子糯米粥

准备材料

糯米100克，莲子50克，山药25克，红枣20克，红糖适量。

健康物语

　　此粥富含蛋白质、碳水化合物、膳食纤维、维生素A、维生素C、胡萝卜素、维生素E等营养成分，有补血、明目等功效，适宜体质虚弱、心慌、失眠多梦者食用。

✂ 制作过程

1. 将糯米用清水洗净，浸泡30分钟。

2. 莲子去芯，用温水泡透；山药洗净，切成丁；红枣洗净。

3. 锅内加入适量清水煮沸，下入糯米、莲子，大火煮沸，改用小火煮约30分钟。

4. 再加入山药丁、红枣。

5. 调入红糖，续煮15分钟至熟透即可食用。

G枸杞黑芝麻粥

准备材料

大米80克，黑芝麻30克，糯米20克，枸杞子10克，糖桂花、冰糖各适量。

此粥含有丰富的胡萝卜素、维生素A、维生素B_1、维生素C和钙、铁等营养成分，具有补肝肾、益气血之效，适宜食欲缺乏、肺燥咳嗽、口干烦渴者食用。

制作过程

1. 糯米洗净，浸泡30分钟；枸杞子洗净，泡发备用；黑芝麻洗净，捞出沥水，放入炒锅，炒香，取出待用。

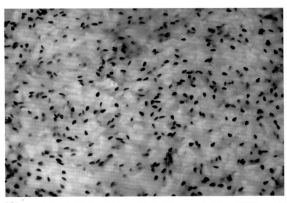

2. 锅内加入适量清水，煮沸后，把大米、糯米、枸杞子和黑芝麻倒入，再大火煮沸。

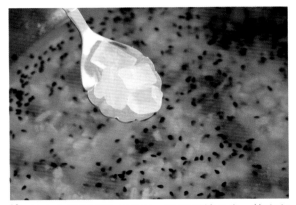

3. 转小火慢慢煮约40分钟，期间搅拌几次，等粥变浓稠时，加冰糖煮溶。

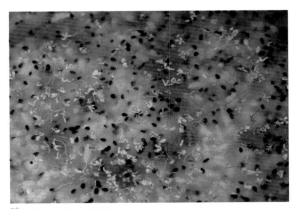

4. 撒入糖桂花即可。

健康物语

豌豆燕麦粥是一道由豌豆、燕麦片和熟杏仁煮制的简单营养的粥品，富含蛋白质、膳食纤维及不饱和脂肪酸，有益于心脏健康，适宜体虚自汗、多汗、易汗、盗汗者食用。

豌豆燕麦粥

准备材料

豌豆80克，燕麦片50克，熟杏仁30克，糖适量。

制作过程

1 豌豆洗净，煮熟，稍微捣烂。

2 杏仁放入保鲜袋拍碎，磨成粉。

3 锅内加入适量清水，放入燕麦片，用大火煮沸。

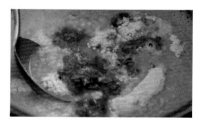

4 加入豌豆泥、杏仁粉拌匀。

5 加糖煮溶，盛出即可。

健康物语

此粥口感滑软香甜，富含蛋白质、脂肪、膳食纤维和各种矿物质，有益脾养心、敛汗之效，还可降低胆固醇、降糖、减肥。

N 牛奶燕麦粥

准备材料

燕麦片100克，鸡蛋1个，牛奶100毫升，糖适量。

制作过程

1 锅内加入适量清水和燕麦片，大火煮沸。

2 磕入鸡蛋，并将其搅散，待鸡蛋煮熟后，熄火。

3 加入适量糖调味。

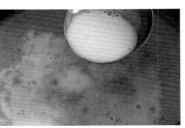

4 冲入牛奶，完全放凉后，放在冰箱中冷藏保存即可。

健康物语

玉米味甘，性平，具有调中开胃、益肺宁心、利水消肿等功效，经常食用玉米粥，能保持大便通畅，少得胃肠疾病。

B 冰糖玉米粥

准备材料

嫩玉米粒100克，稠粥1碗，香菇、胡萝卜、荷兰豆各25克，冰糖50克。

制作过程

1 香菇洗净，浸透切丁；胡萝卜洗净，切丁。

2 玉米粒、香菇丁、胡萝卜丁、荷兰豆分别放入沸水锅中汆熟。

3 锅内放适量清水，大火煮沸，倒入稠粥煮沸。

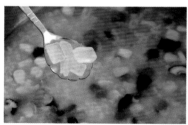

4 加玉米粒、香菇丁、胡萝卜丁、荷兰豆、冰糖煮约10分钟即可。

健康物语

此粥含有丰富的蛋白质、钾、磷、钙、镁、硒元素及维生素E、维生素B₁等营养成分，具有保护心脏功能、防止动脉硬化、提高免疫力等作用。

红糖小米粥

准备材料

小米150克，红枣30克，红糖10克，花生碎、瓜子仁各适量。

制作过程

1 小米淘洗干净，用清水浸泡30分钟左右；红枣洗净，去核，切碎备用。

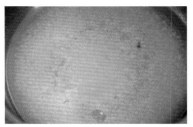

2 锅内加入适量清水，大火煮沸，放入小米，转小火慢慢熬煮。

3 待小米煮开时，放入红枣碎，搅拌均匀后，继续熬煮。

4 待红枣肉软烂后，放入红糖、花生碎、瓜子仁拌匀，再熬煮10分钟即可。

健康物语

银耳味甘，性平，有滋阴、润肺、养胃、生津、益气之效；小米富含维生素B$_1$、维生素B$_{12}$，可防止消化不良、口角生疮。银耳和小米一起煮粥，能补脾开胃、清肺热、滋补润泽。

银耳小米粥

准备材料

小米150克，银耳50克，枸杞子10克，冰糖适量。

制作过程

1. 银耳泡发，去蒂，掰成小朵；小米洗净，用清水浸泡30分钟；枸杞子用温水洗净。

2. 银耳倒入锅里，加适量清水，大火煮沸。

3. 放小米，煮沸，转小火熬至粥成。

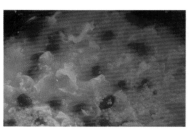

4. 加入枸杞子和冰糖，继续煮到冰糖溶化即可。

健康物语

核桃含蛋白质、脂肪、碳水化合物、胡萝卜素、维生素B₁及人体所需的钙、磷、铁、锌、锰等营养素，常食有益于脑的营养补充，能健脑益智。

G干果银耳高粱粥

准备材料

高粱100克，银耳20克，葡萄干50克，核桃30克，冰糖适量。

制作过程

1. 银耳泡发，择根撕成小朵；葡萄干和核桃洗净后，用温水泡上。

2. 高粱洗净后，用清水泡上1个小时，然后，放入锅中，加水蒸熟待用。

3. 将银耳、葡萄干、核桃和蒸熟的高粱放入砂锅内，加适量清水，大火煮沸，转小火煮30分钟。

4. 放入冰糖，待其溶解后，搅匀即可盛碗食用。

健康物语

松仁不仅富含不饱和脂肪酸，如亚油酸、亚麻油酸等，能降低血脂，预防心血管疾病；还富含维生素E，有很好的软化血管、延缓衰老的作用。

松仁大米粥

准备材料

大米、松仁各50克，蜂蜜、葱末各适量。

✂ 制作过程

1 大米洗净，浸泡待用；松仁洗净，沥干水分，碾末。

2 锅内放适量清水煮沸，加入大米、松仁末，以中火煮沸，改小火慢熬至熟。

3 食前，加适量蜂蜜调味。

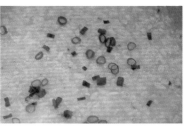

4 撒葱末即可。

健康物语

八宝粥的食材可依个人口味而定，一般有大米、花生、绿豆、赤豆、莲子等，其他自选辅料有扁豆、红枣、桂圆、山药、百合、枸杞子、薏米、小米、其他豆类、红枣等。此粥补铁、补血、养气、安神，既有强身健体的作用，又有防癌、抗衰老等作用。

B 八宝粥

准备材料

大豆100克，玉米粒80克，银耳50克，红枣15克，香菇（干）10克，莲子50克，枸杞子30克，蜂蜜适量。

制作过程

1 银耳和香菇用开水浸泡，水冷后，将蒂去掉，洗净沥干。

2 大豆、玉米粒、红枣、莲子和枸杞子洗净。

3 银耳、香菇、大豆、玉米粒、红枣、莲子、枸杞子放入锅中，加适量清水，大火煮沸，转小火熬成粥。

4 食前，调入蜂蜜即可。

健康物语

桂圆含丰富的葡萄糖、蔗糖和蛋白质，可补心脾、益气血；红枣健脾益胃；黑米暖肝活血。此粥具有养血安神、健脾补血、美容养颜、滋阴润肺之效。

H 红枣桂圆黑米粥

准备材料

红枣15克，桂圆干25克，黑米30克，大米70克，冰糖适量。

制作过程

1. 黑米、大米淘洗干净，用清水浸泡半小时。

2. 红枣和桂圆干用水冲洗干净。

3. 将黑米、大米倒入到锅中，加入适量清水，中火煮沸，将红枣和桂圆干加入，转小火煮45分钟左右，加冰糖溶解即可。

黄豆富含蛋白质、脂肪、多种维生素及矿物质，可补五脏、益气力、长肌肉。黄豆与黑米煮的粥具有补肝肾、润五脏、健脾利湿、益血补虚等功效。

H 黑米黄豆粥

准备材料

干黄豆50克，黑米50克，糖适量。

制作过程

1. 将干黄豆浸泡在清水中，至黄豆泡软；把黑米放清水里，洗一遍。

2. 净锅置火上，放清水和黑米，煮沸后，改用小火熬约20分钟。

3. 再把泡好的黄豆放在锅内，继续用小火慢慢煮至米烂粥熟时，放入糖调匀，出锅盛在碗里即可。

健康物语

这是一道由黑米、赤豆、莲子、花生米及桂花煮成的粥，不仅味道甜美，而且营养丰富，具有开胃益中、健脾活血、清热除秽、醒脾悦神等功效。

H 黑米桂花粥

准备材料

黑米100克，赤豆50克，莲子30克，花生米30克，桂花20克，冰糖适量。

制作过程

1. 黑米洗净，浸泡半小时；赤豆洗净，浸泡1小时；莲子、花生米洗净沥干。

2. 锅置火上，将黑米、赤豆、莲子放入锅中，加水，大火煮沸后，换小火煮1小时，放入花生米，继续煮30分钟。

3. 加入桂花、冰糖，拌匀，煮3分钟。

健康物语

此粥能补气血、利血脉、除湿痹、美容颜，适用于皮肤粗糙干皱者，常食可令人皮肤嫩白光润。

蜂蜜菊花糯米粥

准备材料

茶菊花2朵，枸杞子20克，圆糯米150克，蜂蜜、柠檬皮碎屑各适量。

制作过程

1. 将茶菊花、枸杞子洗净；圆糯米洗净后，用水浸泡2小时。

2. 锅置火上，放入清水与圆糯米，大火煮沸转小火，慢慢熬煮约40分钟。

3. 加入茶菊花，继续熬煮20分钟，再加入枸杞子煮5分钟，熄火。把粥晾凉后，放蜂蜜调味，撒一些柠檬皮碎屑即可。

健康物语

芋头粥是一道以芋头为主的粥品，口感绵甜香糯、鲜香滑口，老少皆宜，可宽肠胃、补虚劳，能增强人体的免疫力。

芋头粥

准备材料

鲜芋头100克，粳米200克，糖适量。

制作过程

1. 将芋头洗净，切成小块，放入锅内，加水烧开。
2. 将粳米洗净后加入锅内，用小火熬煮。
3. 待米烂芋熟时，加入糖，煮成稠粥即可。

健康物语

这是一道以海带、绿豆和糯米为材料，配以适量糖煮制而成的粥品，可口宜人，营养丰富，可清热解毒、减肥瘦身。

H 海带绿豆粥

准备材料

海带50克，去皮绿豆50克，糯米100克，糖适量。

制作过程

1. 海带洗净，切成粒；去皮绿豆用温水浸泡；糯米用清水洗净。

2. 取瓦煲一个，注入适量清水，置于火上，用中火煮沸，下入绿豆、糯米，煮至米开花。

3. 再加入海带粒、糖，继续用小火煲10分钟，盛入碗内即可食用。

健康物语

桂圆味甘，性温，有开胃、养血、安神、补虚之功效。小米桂圆粥营养丰富，含蛋白质、脂肪、维生素B_1、维生素B_2、烟酸、钙、磷、铁等，能补脾益胃、养血安神、补心长智。

小米桂圆粥

准备材料

桂圆肉30克，小米100克，红糖适量。

制作过程

1. 小米淘净，桂圆肉洗净。

2. 锅中注适量水，放小米、桂圆肉，大火煮沸，改小火煮至粥熟。

3. 加红糖调味即可。

此粥由花生、紫米、赤豆、山药熬煮而成，花生健脾和胃，紫米补益气血，赤豆清心养神，山药养精益气。

ℋ 花生紫米赤豆粥

准备材料

花生、紫米、赤豆、山药各30克，红糖适量。

制作过程

1. 花生、紫米、赤豆提前浸泡半天；山药削皮，切块。

2. 锅中倒入适量水，水开后，把所有主料倒进锅里，搅拌几圈，待开锅后，转小火慢慢煮。

3. 约40分钟后，加红糖即可食用。

健康物语

甘蔗中含有丰富的糖分、水分，还含有对人体新陈代谢非常有益的各种维生素、脂肪、蛋白质、钙、铁等物质。甘蔗与高粱煮粥，可清热解毒、滋阴润燥、下气止咳、和胃止呕。

G 甘蔗高粱粥

准备材料

高粱150克，甘蔗水500毫升。

制作过程

1. 将高粱用温开水浸泡，以涨透为度，用清水淘洗干净，待用。

2. 锅中加清水适量，置于大火上烧沸，倒入高粱，锅加盖。

3. 用小火煮至粥成时，加入甘蔗水拌匀，稍煮片刻，即可食用。

板栗有养胃健脾、补肾强筋的作用，和糯米一起熬粥是很好的养胃补肾粥品，适用春季脾虚腹
泻、腿脚无力者食用。

N 糯米板栗粥

准备材料

糯米50克，板栗仁10克，南瓜、
红薯各30克。

制作过程

1. 糯米洗净，浸泡；南瓜、红薯削皮，切小块；板栗仁洗净。
2. 糯米入锅，加适量清水，大火煮沸。
3. 倒入板栗仁、南瓜、红薯，继续大火煮，煮沸后，转小火熬30分钟即可。

此粥由薏米、小麦、大米煮制而成。小麦味甘，性凉，健脾益肾、养心除烦；薏米可用于治疗水肿、脚气、小便不利等；两者与大米煮粥，可健脾去湿、补益脾胃。

𝒳 小麦薏米粥

准备材料

薏米50克，小麦30克，大米80克。

制作过程

1. 薏米、小麦洗净泡2小时。
2. 大米、小麦、薏米下锅，加入适量清水，大火煮沸。
3. 转小火，煮至浓稠，粥成。

百合薏米粥是一道常见的粥品，清香独特，具有健脾祛湿、润肤祛斑、益胃润肺、健肤美容的作用。

B 百合薏米粥

准备材料

薏米50克，百合15克，蜂蜜适量。

制作过程

1. 将薏米、百合分别洗净，待用。
2. 将薏米、百合放入锅中，加清水适量，用大火烧沸，再改小火慢熬。
3. 煮至薏米软烂，加入蜂蜜调匀，出锅即成。

图书在版编目（CIP）数据

我的粥品屋 / 犀文图书编著 . — 天津 : 天津科技翻译出
版有限公司，2015.9
　ISBN 978-7-5433-3505-9

　Ⅰ.①我… Ⅱ.①犀… Ⅲ.①粥—食谱 Ⅳ.① TS972.137

中国版本图书馆 CIP 数据核字 (2015) 第 110972 号

出　　　版：天津科技翻译出版有限公司

出 版 人：刘　庆

地　　　址：天津市南开区白堤路 244 号

邮政编码：300192

电　　　话：（022）87894896

传　　　真：（022）87895650

网　　　址：www.tsttpc.com

印　　　刷：北京画中画印刷有限公司

发　　　行：全国新华书店

版本记录：787×1092　16 开本　10 印张　220 千字
　　　　　2015 年 9 月第 1 版　2015 年 9 月第 1 次印刷
　　　　　定价：32.80 元

（如发现印装问题，可与出版社调换）